DIGITAL ARCHITECTURE IN CONTEMPORARY CHINA

当代中国数字建筑设计

徐卫国　张鹏宇　编著

广西师范大学出版社
·桂林·

images
Publishing

目 录

CONTENTS

理论研究源于对实践的思考，又给实践以启发，在数字建筑设计中，更是如此。数字建筑设计的理论研究与传统的建筑学研究具有共同之处：既有关于建筑学的哲学思考，也有关于建筑技术的应用总结。但同时，两者也存在差异：首先，数字建筑设计的理论研究与哲学的关系更加密切，并直接受到了哲学的启发来重构建筑的形态，以期获得更加具有人文关怀的建筑构成；其次，数字建筑设计不仅在设计方法和施工建造方面进行实践和创新，更扩展到设计技术（包括各类设计工具）和建造材料、建造设备（如三维打印混凝土所用设备），以及与建筑空间相关的数字信息研究。

本章共收录了五篇学术文章，分别从不同角度介绍了当代中国数字建筑设计的研究成果。其中，《数字建筑思想》一文，对数字建筑设计的基础概念、哲学启发、建构技术、建造方式等进行了全方位阐述；《室内定位大数据中的信息维度》一文，从空间数据模型出发，对运用数字技术完成的建筑空间进行分析；《"数字链"建筑生成的技术间隙填充》一文，阐述了一种新的数字建筑设计方法；《人工智能与建筑师的协同方案创作模式研究》一文，提出了一种新的设计模式，并阐述了相关设计技术和案例;《走向数字时代的建筑结构性能化设计》一文，阐述了用于建筑结构优化的数字建筑设计技术方法。

理论研究

THEORETICAL
EXPLORATIONS

数字建筑思想

数字建筑指建筑建造的全过程及各专业充分利用数字技术实现建造目标。其中，全过程包括设计阶段、构件加工阶段、施工阶段、全寿命周期的物业管理阶段等；各专业包括建筑设计专业、结构设计专业、水暖电设计专业、施工组织管理专业等，以及相关行业，如材料及配送、构件加工、施工机械、物业管理等。数字建筑的特点在于自始至终的"全过程"，以及"各专业"之间连续且共享的数字流。它是从建筑方案设计开始，经过后续阶段及各专业不断添加、修改、反馈、优化的建筑信息。以此数字流为依据，建筑的物质性建造依靠互联网及物联网、CNC 数控设备、3D 打印、机器臂等智能机械，实现高精度、高效率、环保性的建筑建造与运营服务，这样将形成一个新的"数字建筑产业网链"。

时至今日，我们可以给"数字建筑"进行如上定义，这归功于 20 多年来建筑数字革命的不断发展。其实，在探索发展的进程中，许多概念及思想"数字建筑"这一定义的重要的基础，甚至是其本质及核心。

1. 褶子建筑

1.1 褶子：构成物质的单子

吉尔·德勒兹 (Gilles Deleuze) 重读戈特弗里德·W. 莱布尼兹 (Gottfried W. Leibniz) 的理论，并受巴洛克风格的启发，创造性地阐释了物质由褶子构成的思想。

他认为，宇宙中存在一种强制活力，这个力使物质沿着一条旋涡状曲线运动。同时，作用于物质之上的强制活力使得物质具有弹力，由于物质是复合而成的，弹力会将物质内部的不同的物质弹出，从而使物质自身产生挛缩，形成褶子；而被排出的物质仍然受强制活力的作用，同样会产生内部弹力，又能把物质内部更小的不同物质排出，从而产生较小的褶子，如此下去，直至无穷。因此，物质就是一堆由大到小黏合在一起的褶子。实际上，物质在沿着旋涡状曲线运动的同时，由于受强制活力的作用而产生了分解，而强制活力又将分解后的物质的每一份带到邻域，物质不断地分解，不断地被带到邻域，因而形成一个旋涡，并在其中产生数个小旋涡，小旋涡中又产生更小的旋涡，而旋涡间的相互触碰所产生的凹面里也有更小的旋涡形成，因而物质呈现为一种由无数个褶子堆在一起的组织结构。这表现为，褶子里有褶子，从外向内，直至无穷；另一方向上，褶子上到另一个褶子的上面，由内向外，形成展褶。褶子就这样堆积成团块，组成物质 [1]。

但是，这里要特别注意的是，物质分解后并不是分离成颗粒，而是像一页纸或一件衣服那样被分割成褶皱。它们仍然是连续体，并且被无穷尽地分割，褶皱越分越小，

徐卫国　清华大学建筑学院

但永远不会被分离成点，因此，褶子很明显具有易弯曲的特性，也正是因为这种特性，褶子才使连续体产生折痕似的分割。由此可见，褶子组成了易弯曲的物质连续体，物质构成的元素是褶子，褶子是物质的基本单子。

1.2 弯曲：褶子建筑的基本特性

如果我们用褶子构成物质的原理进行建筑设计，建筑形体将表现为具有弯曲特性的连续体。这样，建筑的形态构成法则就与物质的微观形态构成法则相同，因而建筑物更容易与周遭世界协调，即建筑物与环境将具有连续性，它将与周边的物质一样承受外力作用并产生反应，我们把这样的建筑称为褶子建筑。显然，弯曲是它的基本特征，这一特性将使建筑形体具有平滑连续的形象。与之前经典几何形的建筑形体完全不同，褶子建筑是圆润的、流动的、不规则的、非标准的，因而，也可以称它们为非线性建筑。

数字技术是用褶子原理构成建筑形体的基本工具。20 世纪 90 年代中期，格雷格·林恩（Greg Lynn）以"泡状物"的概念把褶子思想与数字技术结合，从理论及操作层面说明了用数字技术生成褶子形态的方法。泡状物是一种不能还原为任何更简单的形式的曲面体，它是不可再分的终极单子。泡状物同时也是三维动画软件 Wavefront 中的一项塑形技术（Binary Large Objects，即二进制大型物体，Blobs 一词本身来源于此）的虚拟体。它的外层围绕着两个圆晕，一个决定自身的变形，另一个决定与其他泡状物的融合，当两个或更多的泡状物一起在动力场中运动的时候，圆晕相互作用，这些泡状物或自身变形，或相互结合成复杂曲面体 [2]。林恩至少在 Wavefront 软件中找到了生成具有弯曲特性的复杂性形体的方法。

事实上，要生成具有弯曲特性的褶子形体，可以通过算法来解决。算法是一系列按一定顺序组织在一起的逻辑判断和操作（也可称其为规则系统），它们共同完成某个特定的任务，用计算机语言把算法写入计算机就形成程序（算法加计算机语言就是程序，也称为软件），因而算法生形就是通过计算机程序生形 [3]，不同的算法程序可以生成不同构成关系的褶子形体。Wavefront 中的"二进制大型物体"程序在背后其实也由算法控制。

建筑的基本问题是建造，那么褶子形体的建筑能进行建造吗？回答是肯定的，这是因为计算机通过程序生成褶子形体时，其实正是进行了机内虚拟建造，其建构逻辑已为实际的物质建造奠定了基础。这一建构逻辑既然能使褶子形体虚拟建构，那么同样也能使其进行物质的建造，这一点从理论上证明了褶子形体的可建造性。当然，要实际建造褶子形体需要进行结构受力的分析与计算，最重要的还在于，需要通过数控加工技术及数控设备实现物质建造。现有的数控加工设备已包含了 3D 快速成型机、激光切割机、水刀切割机，以及各种数控机床、六轴机器人等。此外，混凝土打印机、金属打印机等自动智能设备的使用也指日可待。这些工业加工及生产手段已为褶子形体的建筑的实现做好了准备。

另一个问题是，建筑为什么要建成褶子形态？其实，建筑师乃至全社会在经历了现代建筑高度发展后，至少达成了两点共识，即建筑应该更人性化以及对环境更友好。前者意味着建筑设计应该更多地基于人的行为及舒适性要求，考虑动态变化及人的精神感受，建筑应该是事件发生的场所，是活动进行的空间等；而后者则指建筑设计应以各种环境条件为基础，充分考虑建设场地内以及周边各种人造的及自然的因素，节能环保。来自人及环境如此众多的要求使我们应该考虑综合性地塑造建筑，作为形态而存在的建筑设计结果，其实就像自然界中的生物，其形态在各种环境力的作用下，将通过自组织而调整为适应环境的连续体量，它具有弹性，可不同程度地弯曲。建筑形体也应该是这样一种弯曲的、具有弹性的连续体，而褶子的物质构成法则自然应成为建筑形体设计的基本原理。

要把众多的使用及环境要求转译成建筑形体，这是一个复杂的课题，因而我们可用复杂的科学理论来解决复杂的问题。算法或规则系统正是复杂科学思想最好的表现形式，再加上计算机强大的运算能力，可以说"算法生形"正是我们解决问题的方法，关键在于我们如何正确选择满足各种不同要求的算法，从而生成不同组织构成关系的褶子形态。显而易见，这一新的设计技术可以实现人们希望建筑物满足人的动态活动要求及环境条件要求的愿望。

2. 数字建构

2.1 传统的"建构理论"

19 世纪中叶，戈特弗里德·森佩尔（Gottfried Semper）认为编织的"挂毯"是人类最早用于围合空间或分隔空间的物件，这是因为编织及结绳工艺是人类最早掌握的手工技能，而挂毯在之后出现墙体时，仍然"被当成真实的墙体，那些隐藏在毯子后面的坚固墙体并非创造和分隔空间的手段，而是出于维护安全、承受荷载及保持自身持久性等目的而存在的"，可见，挂毯作为围合空间的表皮是完全与结构墙体分离的，甚至连希腊的石砌神庙，石材外表也有一层打底的灰泥涂层，其表面再用色彩饰面。这些色彩饰面隐喻了挂毯的原本意义，它作为表皮仍然区别于承重的石墙[4]。19 世纪与 20 世纪之交，阿道夫·路斯（Adolf Loos）继承了森佩尔的思想，强调饰面的材料应该忠实于自身的特性并得到表现，不能模仿被覆盖在其底下的材料的质感，并呼吁这应成为设计饰面的原则，仍可见，作为饰面的表皮是有别于其后面的墙体的 [5]。20 世纪 60 年代，建筑师爱德华·F. 赛克勒（Eduard F. Sekler）则把注意力转向形式表象与结构、建造的关系。他认为结构是建筑建立秩序的最基本原则，建造是对这一基本原则的特定的物质上的显示，而结构及建造的表现性形式可称作"建构"，即建筑的最终形式应该表现其结构逻辑及材料的构造逻辑 [6]。当然，在赛克勒的时代，建筑的受力结构已不再是森佩尔时代的墙体，新的钢筋混凝土结构体系及钢结构体系使得结构构件、维护墙体、饰面表皮进一步分离，赛克勒的建构思想正是试图把这种建筑部件的分离统一在具有理性逻辑的设计哲学体系中。然而事实上，之后在后现代文化及哲学影响下，这种建筑部件之间的分离越发不可收拾。20 世纪末的西方建筑界，商业化、形式化设计猖獗，建筑文化走向庸俗的境地。这时，肯尼斯·弗兰普顿（Kenneth Frampton）继承了赛克勒的建构学说，以建构的视野和历史研究的方式重新审视了"现代建筑演变中建构的观念"，以及"现代形式的发展中结构和建造的作用"，并重提建构文化精神，试图以它作为思想武器，抵抗建筑设计的形式主义倾向 [7]。弗兰普顿的学说影响至深，乃至影响了中国建筑界，对于建筑设计回归建筑本身、再现建筑的本质审美价值确实起到了一定作用。建构理论在 20 世纪与 21 世纪之交的几年也曾作为武器帮助中国青年建筑师冲破了西方建筑文化及中国传统建筑文化的双重束缚，使建筑设计从意识形态的工具还原到解决基本建造问题的过程，从而真正具有了纯粹的职业特性。但是，按照建构理论，无论西方建筑师还是中国青年建筑师，他们只能在人类已掌握的结构体系以及材料构造技术条件下表现最终形式，他们必须屈从于结构及材料，被动地表现形式，因而，尽管最终形式具有自然美的特征，但其最终形式是有限的、简单的、刻板的。

2.2 数字建构的定义

传统的建构理论在基本建造层面，提倡并推崇建筑的形式应该表现结构逻辑及材料的构造关系，但在基本建造层面之上，还存在着建筑学的设计层面，因为随着人类社会生活的日益多功能及复杂化，没有建筑设计便不可能进行建造。

"数字建构"首先把传统的建构思想拓展到建筑学的设计层面，提倡建筑设计的形式应该最大限度地表现人类活动的要求以及环境条件的影响，这两者是设计形式的来源；同时，建筑的建造形式应该最大限度地表现建筑结构逻辑及材料构造关系；再者，数字建构由于在设计文本与建造信息之间使用前后连续的数据流，因而计算生形的基本几何逻辑将会成为建造形式的基本结构系统，这样就保证了设计生成与数字建造的统一性。

因此，"数字建构"具有两层明确的含义：使用数字技术在计算机中生成建筑形体；

以及借助于数控设备进行建筑构件的生产及建筑的建造。前者的关键词是建筑设计的"数字生成"，其结果应该最大限度地反映人类生活行为及场所环境条件，而后者的关键词是建筑物的"数字建造"，最终建造形式应该最大限度地表现建筑的结构逻辑及材料的构造关系。这两层含义也可用"非物质性和物质性"来阐述，在计算机中生成设计属于对数字技术的非物质性的使用，而在实际中构件的生产及建筑的建造则是对数字技术的物质性使用。

数字建构具有如下特点：建筑设计形体最大限度地反映了使用者的生活要求及人类的行为特征；建造形式充分表现自身结构逻辑及材料构造关系；以计算生成形体的几何逻辑关系作为建筑结构及材料构造的基础；无论建筑设计、材料加工还是建筑物建造均依靠软件技术及数控设备。

3. 数字工匠

3.1 生产方式与建造方式的变化

对产品的生产而言，数字时代的到来使设计与制造之间有了直接联系的纽带，它就是数字设计信息流。当设计师要用 KUKA 机械臂制作一个木质不规则椭球体时，首先通过 Grasshopper 软件在犀牛软件里建一个不规则椭球形的三维模型，接着可通过编程进行 KUKA 机械臂端头刀路的路径设计，随后把刀路程序文件拷贝到 KUKA 机械臂的控制系统里，运转刀路程序，机械臂便可切削木料，得到不规则椭球形制品。在这一产品制造过程中，刀路路径程序作为联系纽带，把"不规则椭球设计"与"加工工具机械臂"连接在一起，作为数字设计信息流，它直接传递了精准的设计信息，并以指令的角色驱动机械臂进行加工制造。

上述这一产品的生产方式将彻底改变工业社会"设计师—工艺技师—产业工人"的生产组织方式，设计师或设计师团队将完成数字设计建模、加工路径编程，甚至加工机械的制造控制等大部分工作，一种崭新的"数字制造"或"智能制造"生产模式将大规模出现。

这一建筑物建造方式的变化，首先将改变现有的设计组织方式，协同设计将成为基础的设计组织方式，它使得设计团队里不同建筑师的局部工作得到整体统合，使得不同专业在设计阶段的矛盾可以被及时发现并消灭在投入施工建造之前。同时，新的建造方式将彻底改变设计、加工、施工的组织模式。在设计的过程中，建筑师需要与其他专业的专家如结构工程师、软件工程师、材料工程师、加工厂商、施工技术员等通力合作才能完成设计，而设计与加工及施工之间的联系方式将以数据及软件参数模型为媒介进行传递,建筑师对加工及施工的控制程度将得到极大提高。并且,建筑设计的成果在建造完成之后,将继续运用到建筑建成后的物业管理及建筑运营中。

3.2 数字工厂与数字工匠

3.2.1 数字工厂及产品质量

基于上述产品的生产方式及建筑建造方式的变化,一种新的生产建造机构将应运而生,这就是"数字工厂"。对于建筑的建造而言,可称其为"数字工地",而它们的主宰者正是数字设计师,也称为"数字工匠"。

之所以称为"数字工厂"及"数字工匠",是因为这种产品生产方式及建筑建造的方式似乎又回到了传统的手工作坊及传统的建筑工地。在传统作坊及工地上,工匠将设计与制作合为一体,设计始于想法,融于制作过程,成于产品的完成,传统工匠通过手持工具直接劳作于材料,进行产品加工,通过他们丰富的经验、祖传的技艺、个人的情感在产品上留下痕迹。在数字工厂中,虽然生产工具有了革命性的变化,但是设计与制造之间通过数字设计信息流也形成了一体化的产品生产过程,数字工匠通过软件操作及代码编写,特别是通过反馈及修改的过程,把思想概念、审美情趣、艺术热情、工艺传承、精益求精等匠人品质注入产品,并通过加工机器,如 CNC 机床、3D 打印机、机械臂等在产品上留下独特的印记。比如,Xuberance(中国第一家专业 3D 打印设计公司)的设计师通过 3D 打印制成的精致的饰品,设计师说:"我在拖拽 MAYA 软件里的造型时,把我的嗜好和情绪添加在里面了。"

人们常常赞赏手工制品的个性化特征,更为传统工匠的"专一纯粹、节材省料、精益求精、独具匠心"而赞叹。然而现代社会由于大规模生产的分工合作,要求产品设计、生产工艺设计,以及加工制造相辅相成,不可分割。但事实上,设计与制造之间缺少直接的联系通道,因而两者之间严重脱节,从而导致为了实现设计,需要复杂的工艺流程及艰辛的制造过程,同时产品的设计与制造需要大规模批量化生产以降低成本,其结果是,工业产品充满单调、乏味、冰冷的气息,更谈不上"独具匠心"。同样,在建筑的建造过程中,设计、加工、施工严重脱节,建筑师的设计往往在加工及施工的环节完全丢失,建造的全过程实际上没有统一的把控,缺少前后的衔接,最终导致建筑质量不尽如人意。今天,数字工厂为我们提供了便捷高效的生产过程及高质量、高精度的产品,并且这种生产方式适合个性化定制,可以不断满足当今人们日益增长的个性化生活要求,更重要的在于,它找回了久违的匠人精神,这是建立在新技术基础上的新生产及新建造的人文精神。

关于产品及建筑的质量，在数字技术可达到的高分辨率以及智能机器可具备的高精度条件下，"数字制造"及"智能制造"可带给我们丰富的产品特质及崭新的品位倾向，如"鞋履系列"（UNITED NUDE）在满足穿鞋功能的同时，可以着力表现精雕细琢、形式自由；"不锈钢椅"（张周捷）是通过传感器测量设备获取人体数据，进行定制建模，像折纸般折叠不锈钢金属制作而成，表现出轻盈、光鲜亮丽的特质。"Damestop 女士上衣"（埃里斯·范·荷本）利用数字技术模拟生物骨骼形态，通过 3D 打印实现了具有丰富细节的时尚服装，创造出一种服装的有机复杂性。"ICD/ITKE 研究亭"由 36 个轻质复合纤维单元组成，单元形态原型为甲壳虫背上甲壳的微观几何形态。在设计研究过程中，通过使用数字生成技术将甲壳虫原型发展成建筑单元形态，同时使用机器臂加工技术制造出碳纤维增强的双曲玻璃纤维单元，该作品不仅表现出了生物形态的有机性和结构性，并且为数字建筑探讨了轻质单元装配式建造途径。这些通过"数字制造"及"智能制造"生产出的产品，以传统的手工艺是不可能实现的，即便在现代工业生产时代，也不可能出现。

3.2.2 数字工匠及作品所有权

当然，数字工匠不仅需要基本的设计技巧及人文情怀，还需要掌握数字技术以及相关技能，内容包括三维软件及其脚本编写、算法与编程、参数化设计、数字建构、结构形态系统、材料构造逻辑、数控设备的使用、智能机器臂的编程操作、基于数字技术的新材料新工艺等。只有具备了这些新知识，设计师才能称得上是数字工匠，他们才能在数字工坊或数字工厂里发挥作用。可见，数字时代呼唤新一代科技匠人，他们具备科技、人文及艺术的综合素质。

但是，人们往往容易从一个极端走向另一个极端，特别是在当今，数字技术、人工智能、大数据运用越来越多地渗入设计领域，自动生成设计软件越来越能够像设计师那样思考及创作，设计师很容易顺从自动生成软件的逻辑，被牵着鼻子走，久而久之变得只能像自动生成软件那样思考。这样将丢失设计师的独特匠心及自我情怀，设计结果将变得乏味、单调，因而，数字工匠需要时刻保持强势的操控能力，能够熟练地运用成品自动生成工具。

另一个值得讨论的问题是关于设计作品的所有权问题。在现代工业社会大规模分工合作的生产方式下，设计师依靠个人魅力，通过独特的形式风格可以获得设计作品的著作权，而实现设计的下游流程，如工艺流程及加工制造，由于由团队公司或工厂机构集体完成，通常只能处于附属地位，不享有最终作品的著作权，如扎哈设计的建筑作品，耗费了众多社会资源进行加工建造，但最终只标榜建筑师个人成绩，这一时代似乎将一去不复返。

在数字时代"数字制造"及"智能制造"的方式下，设计及制造将更多地依靠调用信息资源、使用既有参数化模型、通过软件操作及程序编写、利用开源技术进行设计及加工制造，比如，目前已有专门网站提供设计的参数化模型；有专门的软件用于机械臂工作路径设计；有各种材料的 3D 打印机器可供加工产品。设计及制造将利用众多已有专有权的知识和工具进行，设计师在最终产品上的个人烙印只占很小的比例。

特别是在建筑行业，在数字建构的全过程及各专业充分利用数字技术实现建造目标的过程中，大量具有著作权的知识及工具将被使用，最终建筑作品的著作权将由参与设计及建造的人共享，建筑师一人独占作品所有权的现象将彻底消失。因而，在数字时代，著名设计师或明星建筑师将不复存在，设计师及建筑师的职业将被重新定义，甚至连设计师及建筑师的这一名称也将消失在历史发展的进程中，"数字工匠"将会是"数字制造""智能制造""数字建造"等个性化大规模定制生产及建造中的主力。

参考资料：

[1] Deleuze G. The fold：Leibniz and the Baroque [M]. Lynn G. Folding in Architecture.（Revised Edition）. New York：Academy Press, 2004：33–37.

[2] 靳铭宇. 格雷格·林恩几个关键思想理论来源及最近作品介绍 [J]. 世界建筑，2009（08）：106–108.

[3] 徐卫国. 参数化设计与算法生形 [J]. 世界建筑，2011（06）：110–111.

[4] 戈特弗里德·森佩尔. 建筑四要素 [M]. 罗德胤等译. 北京：中国建筑工业出版社，2010.

[5] 阿道夫·路斯. 饰面的原则 [J]. 史永高译. 时代建筑，2010（03）：152–155.

[6] Sekler E F.Structure，Construction & Tectonics，Structure in Art and in Science. Brazil, 1965. 转引自彭怒，支文军. 中国当代实验性建筑的拼图——从理论话语到实践策略 [J]. 时代建筑，2002（05）：20–25.

[7] Frampton K. Studies in Tectonic Culture：The Poetics of Construction in Nineteenth and Twentieth Century Architecture [M]. Cambridge：The MIT Press，1995.

室内定位
大数据中的
信息维度
环境行为
研究的新视角

黄蔚欣   清华大学建筑学院
吴明柏   中国科学院大学
         建筑研究与设计中心

文中图表均为作者绘制。

（原文于2017年发表于《时代建筑》）

1. 环境行为学研究与室内定位数据

理解人与空间的关系是建筑设计的重要基础[1]。让空间满足人们的使用需求，并给人以愉悦的体验，一直是建筑师孜孜以求的目标。环境行为学希望通过研究人们对空间的感知和在空间中的行为，对建成环境进行评价，并梳理建筑设计的规律，提出空间改造的建议。传统环境行为学通过针对个体的调查、访谈、实验等，研究人对空间感知的规律，或者通过在现场观察、隐蔽测量等方法，收集相关行为数据进行分析。但是受研究方法的限制，其数据往往偏于静态和局部，较难反映在真实空间中动态、多元、复杂的感知和行为。特别是对于空间关系复杂、使用者众多的大型公共建筑，传统方法很难适应实际需求。

与此同时，在设计实践领域，随着经济不断发展和人民生活水平的提高，在集聚效应影响下的当代建筑功能越发复杂综合，对建筑设计提出了新的要求。而长久以来基于建筑师经验或既有模式进行设计的方式，其科学性不足的弱点也开始显现。使用科学方法对建筑空间中的感知和行为规律进行研究正成为重要的发展方向[2, 3]。

近年来，定位与网络技术的进步使得获取大量时空数据成为可能，计算机运算及存储能力的提高为分析准备了有力的工具，为复杂性科学的研究提供了解释复杂现象的方法。算法与理论的发展使我们能从大量数据中提取规律，发现知识，这些都使得大数据分析在商业分析、城市研究等领域得到广泛运用。数据科学分析提供了强大的方法，使得环境行为研究有了全新的可能性。在GPS不能有效工作的室内空间，多种室内定位技术，如Wi-Fi、蓝牙、超宽带、射频、超声波等得到快速发展[4]。这些系统记录的人在特定空间中的时空数据，为行为研究提供了重要依据。

2. 室内定位数据中的信息维度

一般来讲，室内定位数据包含的信息有标签编号、记录时间、三维空间位置，以及一些辅助性的信息。这些信息反映着时间、空间、对象和内容维度上行为的特征，在行为分析中具有不同的意义和特点，以下分别说明。

2.1 空间维度

空间维度信息是室内定位数据最基本，也是最直观和最容易被使用的部分。通过将大量的空间位置数据叠加，可以形成人群空间分布热力图。热力图与建筑平面叠合，就可以看出哪些空间是客流密度高、被经常使用的，哪些空间是客流密度低、使用较少的。热力图可以帮我们发现空间使用模式、评估商业空间效益，以及发现交通拥堵区域。

不同的室内定位系统，其工作原理、铺设成本和定位精度各不相同，数据所能满足的研究需求也是不同的，在实际应用中需要综合考虑预算和应用场景，选择恰当的技术系统。举例来说，常用的 Wi-Fi 定位数据，其定位误差在 5~10 米，对于中小型建筑，不能完全满足建筑室内环境行为研究的需要。然而，由于 Wi-Fi 定位系统铺设成本较低，且可以记录大量移动终端的位置数据，因此非常适用于研究大型综合性的公共空间。另一方面，超宽带（Ultra Wide Band）技术的定位精度可以达到分米级至厘米级，但其特点是成本较高，且信号不能穿透建筑墙体，因此适合于研究较小尺度的居住和办公空间[5]。

对于 Wi-Fi、蓝牙等定位系统，其定位精度不高的重要原因是无线电信号在室内空间被遮挡和反射，因此信号随距离的衰减非常不均匀，采用三边定位算法往往效果不好。为了提高其定位精度，可以采用指纹（Finger Print）技术。这一技术的基本原理是事先对空间中各处的无线电信号强度进行测量，形成指纹场数据库，而在实际定位时，将移动终端的信号强度与指纹场数据库进行比对，推断出其空间位置（图 1）。

2.2 时间维度

建筑空间中人员的活动是一个受时间因素影响，呈动态变化的复杂系统，传统行为调查方法受限于技术手段和人员成本，很难形成连续多日的全场域数据，研究成果也相对静态。与之相比，室内定位数据在时间维度信息上有重要的拓展，展现了全新的视角。行为发生的时间与人们生活、工作的日常作息规律相关，同时也包含行为序列的先后关系信息，因此反映了空间认知和行为的动态过程[6]。

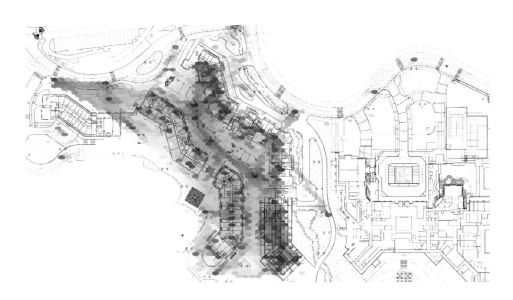

图 1　松花湖滑雪度假区人群分布空间图解

在时间精度上，数据记录以秒计，完全满足研究的需要。时间精度的另一个重要的方面是数据在时间上的密度。由于移动终端会经常性发射信号，因此数据可以比较好地记录其在场域内完整的行为序列。与之相比，目前常用的搜索引擎、地图服务、社交网络，乃至点评数据等，只有在用户使用其服务时才会形成记录，因此在时间分布上受用户的使用习惯影响很大，必然存在偏差。因此，室内定位数据在刻画时空行为方面是有其优势的（图 2）。

2.3 对象维度

室内定位系统的工作原理一般是通过设置在空间中的传感器（sensor）接收人员佩戴的标签（tag）发射的信号，并在服务器上计算人员的位置，或者由人员携带的移动设备主动接收空间中信标（beacon）的信号，并在移动设备上计算自己的位置[7]。无论何种方式，定位数据中都包含着被定位人员的标签信息。因此，将每一个人（或设备）的所有记录抽取出来，就可以得到其连续的行为序列，提取符合某类人群特点的记录，就可以分析该群体的行为规律。当数据量达到一定规模后，相比于传统的调研方法，由于每个子类别都有相对充足的样本量，因此分人群的对比研究就能够显现出巨大的潜力。

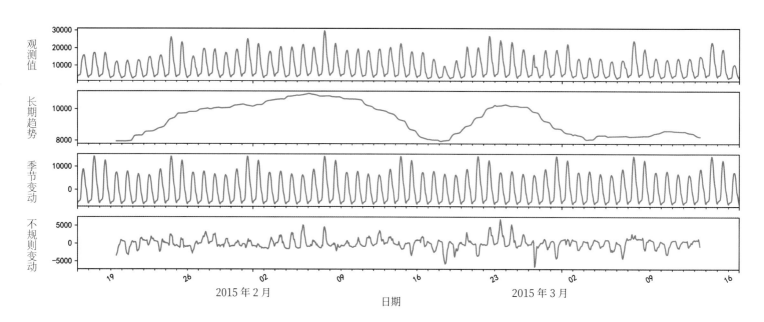

图 2　松花湖滑雪度假区人流量时间序列分解

在研究对象的维度上，与其他大数据行为研究一样，个人隐私保护成为一个需要认真对待的问题。定位数据需要经过脱敏处理，使得数据中的信息无法对应到具体的个人，而研究的结论也只反映群体的规律。事实上，城市和建筑研究的对象是空间，而空间往往是以相对静态的方式应对动态变化的需求，因此，行为数据分析的目的是发现特定人群较长时间行为的统计规律，以便应用在规划、设计和管理上，这也就避免了和个人隐私保护产生矛盾（图 3）。

2.4 内容维度

在行为研究中，行为的内容，如工作、休息、会谈、购物等，是很重要的信息维度。在传统调研中可以使用观察、拍照、访谈等记录行为的内容信息，而定位数据并不直接包含行为内容的信息，在这方面存在局限性。有利的条件是，城市和建筑空间往往都有特定的功能，因此可以根据活动发生的空间位置大致推断行为的内容，或者以空间的功能作为行为内容的替代信息。

另一方面，基于调查问卷、访谈和现场观察的少量数据也可以为行为内容的确定提供重要的依据。现场调查往往能够发现有用的背景信息和意料之外的行为模式，并启发数据分析的思路[8]。与此同时，通过多源数据结合的方式，也可以补充行为内容信息，如视频、手环、传感器、消费记录，乃至网络流量等。

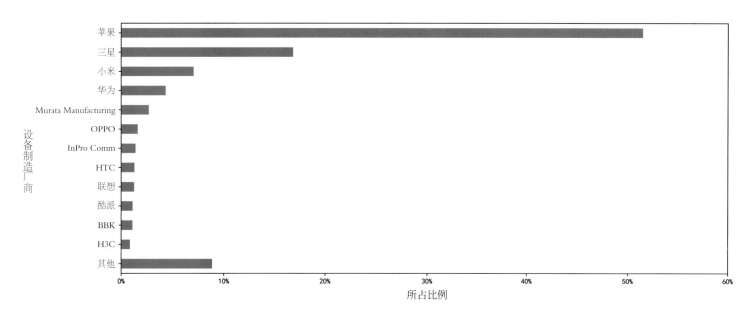

图 3　不同生产商设备使用人数分布

3. 多维信息可视化与数据挖掘

为了展现室内定位数据中不同的信息维度，以及各维度相互组合在数据分析上的潜力，本文以 2015 年 1—3 月松花湖滑雪度假区数据为基础，基于上述信息维度的概念进行了三维信息可视化，并将其作为一种探索性数据挖掘的方法进行探讨。

3.1 数据基本情况

松花湖滑雪度假区位于吉林省吉林市郊区，是一个以滑雪为主题的户外运动休闲度假区。松花湖滑雪度假区的 Wi-Fi 定位系统由共计 110 个接入点（AP）组成，主要覆盖度假区小镇中心的商业步行街及其两侧的酒店公寓、雪具大厅与各类餐饮和雪具租赁商铺。研究中使用 Wi-Fi 定位系统在 2015 年 1 月 16 日至 3 月 16 日共 60 天内收集到的约 2 亿条定位数据来分析区域内人群的行为，每条记录包括记录时间、设备 Mac 地址、位置坐标、Wi-Fi 接入点 Mac 地址等信息，所有数据均经过了匿名化处理（表 1）。

表 1　Wi-Fi 定位系统原始定位数据示例

时间戳	设备 Mac 地址	X 坐标	Y 坐标	接入点 Mac 地址
2015/3/17 0:00	640980★★★★★★	1897000	2356000	5CDD7099★★★0
2015/3/17 0:00	640980★★★★★★	2810000	2963000	70BAEFAF★★★0
2015/3/17 0:00	147590★★★★★★	2221000	2135000	70BAEFAF★★★0
2015/3/17 0:00	50BD5F★★★★★★	2119000	2063000	70BAEFAF★★★0
2015/3/17 0:00	640980★★★★★★	2803000	2720000	70BAEFAF★★★0
2015/3/17 0:00	640980★★★★★★	1897000	2356000	5CDD7099★★★0

3.2 多维信息的可视化

相较于数字与文字，长时间的进化使人们对于视觉形象的理解更加直接而迅速，更容易发现事物中的模式和规律。数据可视化不仅是数据分析的结果呈现，也是探索性和交互性数据挖掘的重要工具[9]。当然，除了探索性数据分析还有描述性统计分析和验证性数据分析，需要借助机器学习和统计学工具，但数据可视化可以为进一步的严谨分析提供可能的方向和猜想。人们难以直观理解与挖掘分析，室内定位大数据中包含的空间维度、时间维度、对象维度、内容维度等多种信息，因此如何将如此丰富的多维信息通过视觉形象直观地表现出来便具有了研究意义。

在本研究中，着重分析时间维度、对象维度和内容维度三方面的信息组合与可视化。时间维度信息体现为定位数据的获取时间，为了便于处理数据，将连续的时间划分为若干个离散等长的"时间窗"。由于滑雪度假区的功能分区比较明确，行为内容维度信息可以用对象所处空间的使用功能近似代替，分为餐饮休闲、室外活动、雪具租赁、酒店住宿和其他未知的五种行为，而通过时间维度和功能维度信息的不同属性组合可以将度假区的人群进行区分，从而表示对象维度信息。

在以往的研究中 [10]，我们将某个对象在一天内第一次出现的时刻作为其到达时间，最后一次出现的时刻作为其离开时间，绘制对象的到达、离开时间分布的热力图 (图4)。从图中可以明显看出有两类行为特征不同的对象：一类人群到达、离开时间分布得非常集中，呈现出按时上下班的行为特征，应为员工；另一类人群到达、离开时间比前者分散，但在早上 9 点前后和下午 4 点前后相对集中，应为来此滑雪的游客。

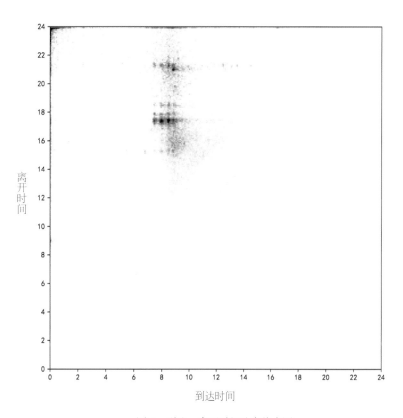

图 4　到达、离开时间分布热力图

然而上述仅对于时间维度的分析并不能直观地显示不同对象的不同行为内容，如果要将时间维度同内容维度和对象维度综合分析，则需要更多的信息表示方式。在图5中，在 x 轴表示到达时间、y 轴表示离开时间的基础上，加入表示具体时刻的 z 轴作为第三维度，而在此三维坐标系中，每个立方体单元的颜色的 RGB 三个分量也可以用来表示新的信息维度，在这里，色彩分量的大小代表了三种不同行为内容人群的数量。为了让信息更直观，便于理解，我们用立方体单元 x 轴、y 轴、z 轴的长度表示了和 RGB 色彩分量相同的信息，以强化其视觉上的表达。因此，通过此种三维空间与色彩空间联合的可视化方式可以表示六个维度的信息。从直观上看，竖直的每一列单元表示了特定到达离开时间的一组人群，而沿 z 轴从下至上则表示了由该组对象在一天内各时刻的行为内容构成的变化。

图5是松花湖滑雪度假区全体定位数据的多维信息立体可视化结果，其中每一个立方体单元的 RGB 色彩分量和 x 轴、y 轴、z 轴长度分别表示餐饮休闲、雪具租赁、室外活动三种行为内容的强度。所有数据均分布在如图所示的三棱锥体内部 [三棱锥体角点坐标分别为（0，0，0），（0，24，0），（0，24，24），（24，24，24）]，而从 (0，0，0) 到 (24，24，24) 的立方体对角线则代表了在场时长为0的数据分布界限，越靠近对角线的人群在场时长越短。在这里，图4相当于图5的顶视图。

全体人群可以分为两大类明显不同的行为模式：一大类人群从凌晨至午夜一直在度假区活动，表现为水平坐标（0,24）的竖向序列，这些人上午8点到下午6点期间在餐饮区域活动较多，而其他时间则呈现出距离室外和餐饮区域较近的特点（实际上，度假区的酒店就设置在餐饮区域的楼上，距离室外的 Wi-Fi 接入点也不远，因此这部分数据实际反映的应该是在酒店住宿的行为）；另一大类人群一般在上午8点之后到达度假区，晚上9点前离开，以餐饮和雪具租赁区域活动为主，中午12点前后餐饮活动明显增多。不过，各大类内的行为模式依然比较丰富，需要进一步从对象维度进行详细分析。

结合前述到达离开时间的分析结果，将人群划分为游客和员工两组，分别观察两者的行为模式。图6是游客数据的多维信息立体可视化结果，与图5的全体人员结果有较大差别。图左的竖列表示从凌晨至午夜一直在场的顾客，很可能为来此度假旅游的外地游客，可以明显看出上午8点、中午12点、晚上7点前后有三个餐饮活动的高峰。其余绝大多数游客的数据成团分布在图的右侧，其中有较多的游客上午9点到达，下午4点离开，应是全天滑雪者。可以从图中直观地看出全天滑雪者的行为模式：大多数游客在9点左右首先到达室外活动和雪具租赁区域租赁雪具，之

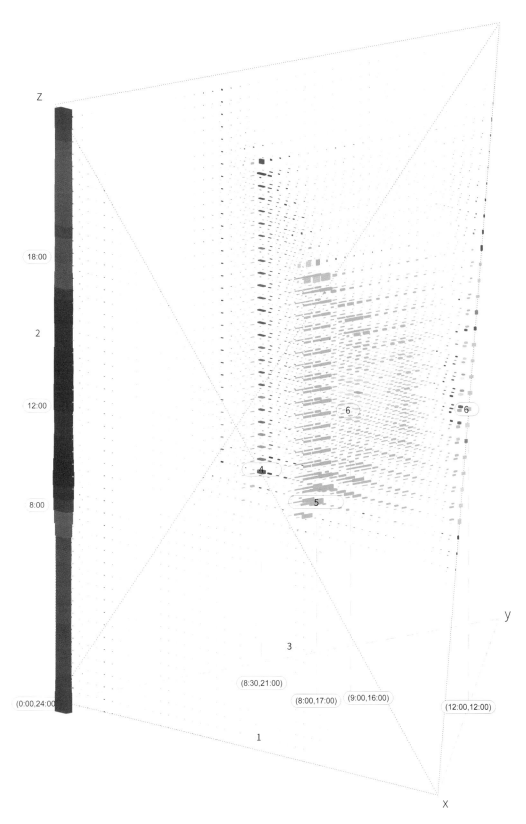

Z

18:00

2

12:00

8:00

(0:00,24:00)

3

(8:30,21:00)

(8:00,17:00) (9:00,16:00)

(12:00,12:00)

y

1

X

6

6

4

5

1 到达时间
2 行为时刻
3 离开时间
4 餐厅员工
5 雪具租赁员工
6 午餐

图 5　松花湖滑雪度假区全体定位数据的多维信息立体可视化结果

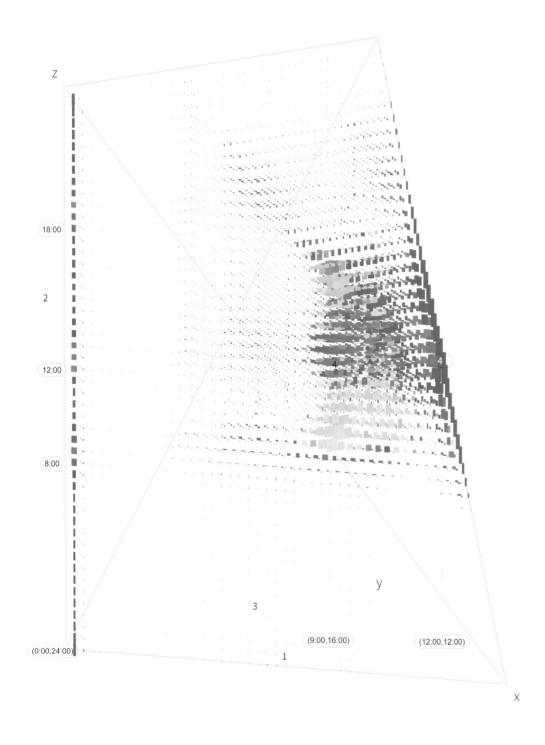

图 6 　 游客数据的多维信息立体可视化结果

1 到达时间
2 行为时刻
3 离开时间
4 午餐

后数据量明显减少，可以推断顾客在 Wi-Fi 覆盖范围之外的雪道滑雪，12 点至下午 1 点前后回到餐饮区域用餐，接着下午继续滑雪，大约在下午 4 点返回雪具租赁和室外活动区域归还雪具，并离开度假区。在全天滑雪者与对角线之间分布有一条与对角线近似平行的松散数据带，应该是购半天雪票的滑雪者，这部分顾客的行为多样性较强，并没有明显的就餐活动，推测其可能是由于滑雪时间较短来不及吃饭。此外，对角线旁中午 12 点前后还分布有一些在场时间较短的游客，基本仅在餐饮区域活动，可能是专程来此就餐的附近居民或度假区酒店住客。

图 7 是员工数据的多维信息立体可视化结果，可以将员工分为三类：第一类是从凌晨至午夜 24 小时在场的员工，这部分员工从上午 8 点到下午 6 点主要在餐饮区活动，而其他时间则在室外和餐饮区域附近出现，应是餐厅和酒店的工作人员；第二类员工上午 8 点半到达，晚上 9 点离开，也主要在餐厅工作；第三类员工从上午 8 点到下午 5 点主要在雪具租赁区活动，推测为雪具租赁区域的工作人员。餐厅工作人员的工作时间明显长于雪具租赁区域的工作人员。

多维信息的可视化为理解数据内部信息之间的关联和行为中的模式提供了直观的途径。当然，通过这种方式发现的行为规律还不是定量化和具有统计意义的结果，在进一步的分析中，应该使用数据挖掘和机器学习方法对数据进行严格的分析，从而得出科学的结论。本文此处的分析，是希望展现出室内定位数据不同维度上信息的组合所具有的潜力，并探讨多维数据可视化在探索性数据分析中的可能应用。

4. 讨论

室内定位大数据中蕴含着丰富而复杂的行为信息，为环境行为学提供了新的研究手段。然而，过于复杂的行为信息往往令人眼花缭乱、无处下手。通过实践中的不断总结，本文将数据中的信息归纳为空间维度、时间维度、对象维度和内容维度四个方面，为数据分析提供不同的切入角度。但实际上，多种维度的信息往往彼此高度关联，只有将多维信息综合考察才能较为准确地把握行为状况及规律。此外，这种信息维度的拆分方式必然受到当前的数据经验所限，如果获得可互相印证的多源数据将很有可能拓展出新的信息维度。

视觉是人类认识世界的重要途径，"盲人摸象"的故事也反映出视觉认知在把握整体模式和规律中所具有的独特优势。数据可视化是探索性数据分析的重要手段，可以提供对数据的直观认识，发现潜在的规律，产生进一步分析研究的可能方向。结合三维空间及色彩空间可以在二维平面上表现六个维度的信息，如果再加入不同的

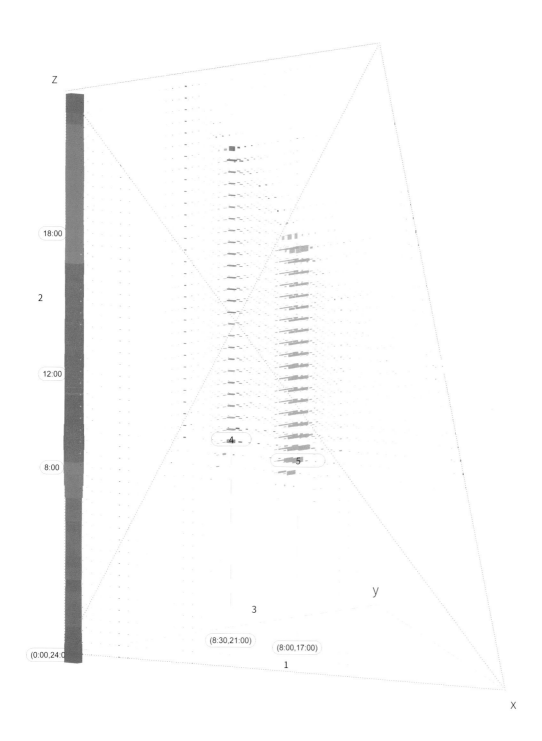

图 7　员工数据的多维信息立体可视化结果

1 到达时间
2 行为时刻
3 离开时间
4 餐厅员工
5 雪具租赁员工

形状和符号则可表达更多的信息，但如何让可视化后的信息变得更加可读，则需要进一步研究。

此外，尽管文中没有展示，但当我们采用不同的数据清洗和预处理方法时，得到的三维可视化结果还是有较大差异的，这说明数据预处理的质量会直接影响数据分析结果，在今后的研究中需要更加重视数据清洗及预处理过程的严谨性。另一方面，数据的三维可视化可以让我们快速直观地理解数据中的复杂关系，并发现其中存在的问题，这一点在实际的数据分析工作中具有重要的意义，能够帮助我们发现数据本身或者由分析方法所带来的异常情况，避免不恰当的方法带来的对数据的误读。

对于建筑设计来讲，相比于一般意义上对环境行为的认知，通过三维可视化展现的行为规律呈现出了丰富、多元和随时间动态变化的特点，可以说对以往的空间行为规律的表达方式在维度上有了拓展。这样的信息呈现方式对于理解复杂的人群环境行为提供了直观、翔实的途径，虽然还不是精确的统计规律，但可以让建筑师对环境行为形成综合和动态的认知。我们也许可以预期，建筑师在此基础上发展形成的建筑设计，也能够以更加综合和动态的方式应对人们的需求。

参考资料：

[1] 扬·盖尔 . 交往与空间 [M]. 何人可译 . 北京：中国建筑工业出版社，2002.

[2] Yoshimura Y，Sobolevsky S，Ratti C，Girardin F，Carrascal J P，Blat J，Sinatra R. An Analysis of Visitors' Behavior in The Louvre Museum：A Study Using Bluetooth Data [J]. Environment and Planning B：Planning and Design，2014，41（6）：1113-1131.

[3] Williams M，Burry J，Rao A. Understanding Social Behaviors in the Indoor Environment, A Complex Network Approach [C]. Proceedings of the 34th Annual Conference of the Association for Computer Aided Design in Architecture，Los Angeles，California，CADIA 2014 Design Agency，October 23-25，2014：671-680.

[4] Gu Y，Lo A，Niemegeers I. A Survey of Indoor Positioning Systems for Wireless Personal Networks [J]. IEEE Communications Surveys & Tutorials，2009，11（1）：13-32.

[5] Jia D，Li L，Jiaxuan Huang，Dongqing Han. Isovist Based Analysis of Supermarket Layout—Verification of Visibility Graph Analysis and Multi-Agent Simulation [C]. Proceedings of the 11th International Space Syntax Symposium，Lisbong，INSTITUTO SUPERIOR TECNICO，University of Lisbon，2017：161-172.

[6] Egenhofer M J，Golledge R G. Spatial and Temporal Reasoning in Geographic Information Systems [M]. Egenhofer M J，Golledge R G. Spatial and Temporal Reasoning In Geographic Information Systems. New York：Oxford University Press，1998：108-109.

[7] Curran K，Furey E，Lunney T，Santos J，Woods D and Caughey A M. An Evaluation of Indoor Location Determination Technologies [J]. Journal of Location Based Services，2011，5（2）：61-78.

[8] 吴增基，吴鹏森，苏振芳 . 现代社会调查方法（第二版）[M]. 上海：上海人民出版社，2003：17.

[9] Hoaglin D C，Mosteller F，Tukey J W，eds.Understanding Robust And Exploratory Data Analysis [M]. New York：Wiley，1983.

[10] 黄蔚欣 . 基于室内定位系统（IPS）大数据的环境行为分析初探——以万科松花湖度假区为例 [J]. 世界建筑，2016（4）：126-128.

"数字链"
建筑生成的
技术间隙填充

李　飚　东南大学建筑学院
郭梓峰　东南大学建筑学院
李　荣　江苏生成建筑设计事务所
　　　　有限公司

文中所有图片均由作者自绘或自摄。
（原文于 2014 年发表于《建筑学报》）

1. 关于"数字链"系统方法

设计类似于"黑箱"操作，通常也可以认为是一种程序过程，方法和结果与设计师的创造灵感及外设工具密不可分。生成设计借助算法规则通过计算机编码界定并优化各类输出结果，其输出可以表现为图像、声音、动画文件以及包括建筑在内的各类构筑物。随着跨学科技术，特别是计算机方法和数控技术的逐步介入，各类新颖独特的工具扩大了设计师的创作视野，丰富了设计师的实现手段，这不仅体现在形形色色的最终成果上，设计过程"黑箱"也被逐步细化，并通过计算机程序算法理性解析。"黑箱"内部控制规则的细微调整可能导致设计输出的巨大改变，如同"蝴蝶效应"一般影响着设计策略及与之关联的数字营造。建筑数字技术融入理性数据、视觉审美及多样元素的互动与演变，并通过计算机程序算法及内部运行机制对阶段性设计成果迭代优化，大幅度降低传统设计手法在众多候选方案间来回游移的成本耗费。

当数字设计与加工建造之间存在缝隙时，便很容易产生专业分歧[1]。在过去的十几年间，相关建筑辅助设计软件，如 AutoCAD、SketchUp，以及近年来常用的 Rhino（Grasshopper）等，已逐步成为建筑创作实践的既定工具，复杂的建筑形式及其构造节点均可以借助应用程序内部算法机制直观绘制。此外，在生产领域也有既定的计算机处理及驱动程序，如 MasterCAM 等，数控制造能使单个零件制造成本等同于批量生产的单件成本。通用数控设备需要设计方预先准备相应的加工文件以匹配数控设备，如果数字化设计及建造和数字化生产之间缺乏互通性，每一个建筑构件的数据均必须基于特定数控设备所需的输入文件（通常表现为二维数据文件，如 dxf、dwg 文件）做二次转化，它们通常会舍弃建造过程所需要的三维数据，而这必然导致高昂的费用及生产不连贯，且很容易在施工过程中出现数据偏差。

"数字链"系统方法便在该跨学科技术需求下产生，旨在填补建筑生成设计与实际建造之间的空隙。一方面，"数字链"需要从不同的角度，用精确的编程手段模拟、诠释设计，形成设计学与复杂数据的互相关联；另一方面，"数字链"方法整合多学科系统方法，控制制造及建造过程所需的复杂数据。"数字链"涉及产品原型程序生成、产品构建设计及数控建造方式，它们之间共同构成互相渗透、彼此关联的完整的链条。如今，在我国乃至全球，设计与制造彼此割裂，"数字链"系统探索尚处于产业发展的"启蒙期"，它将引发人们对设计方式、思维模式、价值观念和审美情趣的进一步研究。

2. "数字链"对"建筑工业化"的再定义

"建筑工业化"是起源于西方工业的新建筑运动，通过工厂预制、现场机械装配实现建筑工业化的各类建造活动，因其工作效率高而风靡一时。1974 年，联合国出版的《政府逐步实现建筑工业化的政策和措施指引》将"建筑工业化"定义为按照大工业生产方式改造建筑业，使之逐步从手工业生产转向社会化大生产的过程，其基本法则是建筑标准化、构配件生产工厂化、施工机械化及组织管理科学化，以提高劳动生产率，加快建设速度，降低工程成本，提高工程质量。

"建筑工业化"通过制造、运输、安装和科学管理的大工业生产方式取代建筑业中分散的、低水平的、低效率的手工业生产方式。然而，建筑本身区别于其他类工业产品，也不完全具备工业产品批量生产的基本特征。建筑艺术往往潜藏着对设计成果的独特性、个性化诉求，"建筑工业化"不足以满足设计师的诸多创意追求。数控技术却可以模糊建筑构件的标准化概念，并基于数控制造环节，将其系统方法拓展至生成设计、施工及其管理等各专业终端。与许多科学领域多方相似，"数字链"生成系统一方面可以展示规则、非规则、复杂事物的变化程度和难以预料的运行模式，另一方面包含预定义和运算结果之间的因果关系。

现代设计与制造也已从产品形式的标准化转化为对设计方法及数控制造模式化的方法的探索，并企求满足成果多样化、个性化的需求。尽管"数字链"输出结果表现多样、尺度各异，但它们均基于相同的原理、方法，以及类似的制造手段。随着相关学科研究的不断深入，"数字链"系统方法将紧跟它们的研究步伐。"数字链"系统以设计师为研究主体，其系统方法旨在填补建筑设计、加工工艺及建筑建造之间的专业缝隙，在集成的数字程序控制下，整合逻辑算法、程序规则、建造及施工各阶段成果，从时间、材料、生产及管理各层面优化资源，实现成本与效益的最优组合。

由于建筑生成设计技术融入了设计师的个性创意及客观规则控制，且具有高效、准确的特点，所以生成设计方法早已被许多国外大学院校列入高等教育课程，其方法在艺术、建筑学、媒体设计和产品设计等领域均有应用。与生成设计密切相关，数控制造综合生成设计的各类文件、数据，结合材料特征和数控设备的加工功能，验证生成结果，并实现从虚拟到实体的转化。数控制造将生成数据精确到细部节点，综合考虑材料成本及其表现特征，并根据特定材料修正节点数据的相关缺陷，生成完整且具备一定容错阈值的构、配件制造输入数据，形成从形体生成、节点控制到实际装配的程控流程。

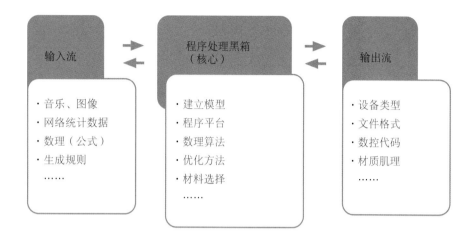

图 1　"数字链"系统基本构成

3. "数字链"技术构成及实践

"数字链"各技术步骤不可分割、彼此关联，通过设计手段和程序方法贯穿整个过程，其间会出现前后步骤的多次往复。"数字链"系统包含生成设计与数控建造等互为依存的部分，但为陈述之便，可以人为将系统大致分为输入流、程序处理黑箱和输出流三个部分（图 1），各部分包含多个研究子项。根据具体项目的不同，各子项间根据具体个案形成互为交织的复杂网络映射。数控技术是制造业现代化的基础，数控设备是生成技术的实体化建造，与数字生成艺术方法互为因果。"数字链"系统植根于计算机程序底层开发，设计者可以从底层平台操控各类数控设备，灵活运用基于底层数据结构的开放式数控系统。作为验证和实现手段，数控设备将程序生成数据转化为对设计成果的精确输出[2]。

"数字链"研究通常根据具体项目特征，将上述三方面内容及各子项目研究巧妙整合。从设计角度看，输入流与程序处理之间的关系更为紧密，它们构成设计主体所需要容纳的各类信息及处理方法，知识结构包含了与生成设计相关的各种学科内涵，并通过符号描绘、逻辑关联"转译"成理性设计成果。作为设计的主导者，设计师需要熟悉计算机程序运行机制，提出相关建筑课题的程序化解答，通过程序算法解决各类定义模糊的建筑学课题。相比之下，"数字链"输出流对应于各类数控设备

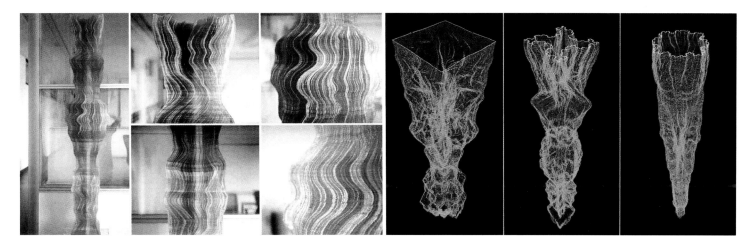

图 2　自生成"音律柱"加工图

的输入端，尽管各数控设备表现形式各异，但"数字链"系统可以挖掘并提取其共性输入资源，G 代码（或与 KRL 类似的代码）可以成为其驱动各类数控设备的共同的程序语言平台。

东南大学建筑学院关于建筑生成设计与数控建造的探索可追溯到 2006 年，先后完成了 ceiling Margin[3]、ANGLE_X[4]、Tri_C（一个家具设计与装配的数字链练习）等实际工程设计与建造。借助此类课程训练，学生可以掌握与生成设计相关的程序知识及各类数控设备操控技巧。通过各类数控、生成设计的课程探索，"数字链"系统方法逐步呈现出清晰的操作思路。下面我们将介绍三个"数字链"技术的实践案例。

3.1 音律柱 [5]

音律柱通过 Java 编程软件分析音乐文件的相关数据，继而利用这些数据塑形。塑形结果丰富多彩，其结果与设计目标相对应（本案以预设柱体为例）。塑形过程需要综合考虑数控设备及材料可加工性能，程序自动生成可供数控设备加工的数据（图 2），以驱动类型各异的数控设备，最终形成与特定音乐数据相映射的成果（图 3）。生成程序一旦完成，只需输入不同的音乐，程序"黑箱"便会处理不同的输入数据，得到形式各异的加工文件和对应的输出成果（图 4）。

图 3　音律柱的结果之一 [音乐名称：《童年的回忆》（*Childhood Memory*）]　　　　图 4　不同输入源生成形式各异的"音律柱"

音律柱基于自主 Java 程序开发，利用音符的高低、长短、强弱及音色数据的规律性特征，将塑形设计、计算机编程及数控加工技术整合。其"数字链"塑形手段基于分形数学原理，通过程序方法建立输入流（音乐）与输出流（dxf 加工文件）间的单向映射。音乐资源容易获取、灵活性大，不同的音乐生成形式各异的输出流，且均保持了"柱子"的设计意象。音律柱生成工具完成了输入流与输出流之间的数据转化与塑形"黑箱"。"黑箱"包含了对数据集合的不同处理手法，是一个设计塑形过程。音律柱以分形柱体为塑形目标，如果塑形目标不同，那么程序对数据的处理结果可能对应于形式迥异的输出流，诸如"音律地形""音律形体""音律城市界面"等输出成果。

3.2 波动墙

波动墙是为南京理工大学 60 周年校庆所建，位于南京理工大学孝陵卫校区。其塑形原理借鉴了波在介质中传播时引起质点的空间位移或者大小变化的物理现象，多个震源会使该物理过程复杂化。通过程序对波形数据的处理，最终生成由水平和垂直构件插接而成的墙体。其构件加工图纸均由程序自动生成。通过在程序的输入流中改变波源的数量、位置以及强度，便可以得到形式各异的输出结果（图 5）。

波动墙的设计开发过程综合考虑了材料选用、构造节点、施工可行性和加工设备等多种因素。该案例采用不锈钢作为主要材料，其加工设备为大功率数控激光切割机，现场装配多为人工完成。波动墙的每个构件的尺寸均考虑了加工可能性和现场施工的便捷性，其节点亦精确到每个螺丝的安装位置与孔径大小。而它们均由自开发的 Java 程序"自动"生成。波动墙生成工具内部完成三维空间数据至二维平面加工构件的数据转换，大大增强了设计师对施工过程的精度控制。

3.3 青奥村服务中心

国际青年奥林匹克运动会于 2014 年 8 月在南京举行，其中的幕墙及其施工图 (加工图) 采用"数字链"系统方法完成。

项目基于 Java 语言的硬代码编程，是一次数字生成技术与数控生产技术协同配合的全方位"数字链"实践。该项目的处理程序在数分钟内可以生成 7000 多个定义不同的建筑外表皮加工构件，其技术流程与"音律柱"如出一辙，只是"数字链"结果所展现的尺度不同。设计师通过编写程序精确计算设计参数并制定相关设计规则，其余工作由计算机自动完成。在"数字链"系统研究的初期，设计师需要致力于算法、编程及数学知识研习，如算法与应用、数据结构与编程技巧、向量几何与仿射变换、碰撞探测等。它们貌似与建筑设计毫无关联，但其后"数字链"系统方

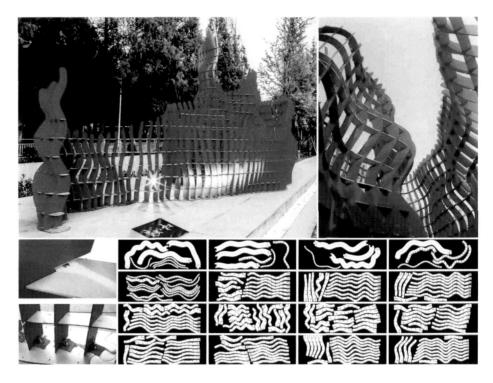

图 5 　 "波动墙"形体及节点"数字链"生成

法的优势却是传统方法无法企及的。"数字链"系统拓展了建筑师的思维与双手，它忠实地尊重人脑思维无法追踪的各类设计与实现细节，并在输出末端展现其灵活的控制能力和强大的功效。

图 6 是通过"数字链"程序系统自动生成的某项目立面的部分板块加工图，加工过程所需要的穿孔尺寸、折板角度以及所有尺寸标注均通过程序产生，包含所有节点信息的 7000 多张板块加工图可以在 2 分钟内生成。项目后期的灵活性充分展现：在设计组提交图纸后不久，"青奥"指挥部调整立面呈现的图案、折板角度和局部节点处理方式，设计组可以灵活调整程序代码，并在 2 分钟内重新输出符合要求的 7000 多张加工图纸。

青奥村服务中心表皮采用系统的"数字链"生成设计技术，为了将人为误差降至最低，程序控制范围涵盖设计、加工及安装节点生成的方方面面。由于建筑形体极为简洁、整体性强，所以任何板块的局部误差都会在最终整体形象中凸显。数千块板块均不相同，尺寸各异的金属板穿孔数量已达 130 多万个，加上 5 万片折板，普通的计算机很难承担如此大的数据运算量，不仅展示模型无从做起，效果图制作软件也无法正常工作，这意味着所有预设效果只有在施工现场最后一块板片安装后方能完全呈

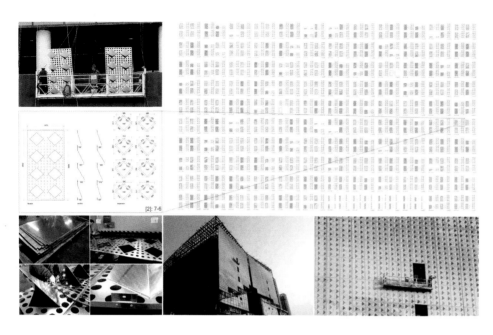

图6　青奥村服务中心部分"数字链"输出流及安装现场

现，这就要求设计组开发的"数字链"系统不允许有丝毫误差，否则将导致工程的完全失控和巨大浪费。

工程板片制造主要通过数控冲压机床和数控折板机完成（图6左下），每块板片预设与现场控制相同的唯一标识码，加工与安装同步进行且管理数据共享，这大大缩短了工程施工周期，缜密的"数字链"系统有效杜绝了加工和施工过程中的人为误差。同时该项目使用二维图像作为数据输入源，通过计算机程序的编写，建立图像中每个像素点的灰度值到建筑表皮三维空间构件及位置变化的映射关系。在本例中，幕墙上有数千片弯折的铝板以及数万个开孔。由于映射关系的存在，这些铝板弯折的角度和开孔的大小直接受到图像中像素点的灰度控制，使得幕墙整体通过弯折角度和开孔大小的变化呈现出和输入图片相似的视觉映射。

3.4 关于三个实践案例的思考

上述"数字链"案例采用了不同的输入源，程序处理"黑箱"对应不同的应用范式，输出物比例、尺度各异。"音律柱"只是实验室层面的技术探索，通过小型数控激光切割机加工完成。柱体高 1.8 米，由 1400 片大小不同、形状各异的亚克力板材叠置构成，各截面中心程控生成用于确定位置和平面旋转方向的正方形孔洞，通过透明柱体将各板材纵向串联，柱体内置 LED 辅助照明灯。"波动墙"案例则是实际建造层面的构筑物，尺度远大于"音律柱"，它采用抽象的数理函数作为输入源，"黑箱"程序需要考虑材料本身的物理性能，如厚度、耐久性、成本等，构件也受制于运输与数控加工幅面等外在条件的限定，"数字链"系统需要整合设计初期确定的各种建造构造方式、制造单元最大尺度（长度）、建造场地环境等。如果说"音律柱"与"波动墙"这两个案例是"数字链"系统在构筑物层面的初步尝试，那么"青奥村服务中心"项目已经是"数字链"系统应对大尺度建筑的技术实现，它包含建筑塑形与数控建造的大量输入限定和程序处理单元，该"数字链"工程融合建筑表皮塑形设计、建筑现状限定、材料性能、数控设备输入的数据类型、施工工序优化、建造成本控制、板材运输尺寸、现场安装方式等，充分体现了"数字链"程序处理黑箱的重要性，分属不同工作单元的塑形设计、数控制造及现场安装均需在该"数字链"系统控制下协同作业。

生成设计是"数字链"系统的前驱，它把控设计规则与方案形成；数控建造是"数字链"系统的后足，是设计方案的物理实现基础，二者通过程序编码以及由此生成的相关数据紧密联系。遵循"数字链"系统的方法，设计师可选取不同的输入源及数控加工方式，输出结果尺度和表现形式也各不相同，从输入流、程序处理和输出流可提取上述工程实例关键技术，它们包含设计、计算机科学及各类数控制造技术，简述如表 1 所示。

"数字链"以设计创作为先导，以程序数据处理及数控设备为实现和验证措施，将艺术创作和技术手段完美结合。"数字链"系统方法基于对特定建筑原型的逻辑运

表 1　"数字链"案例关键技术

建筑学	计算机科学	数控制造
·建筑原型提取 ·建筑环境及文脉关系 ·建筑功能及空间组合 ·建筑结构 ·建筑构造 ·建筑技术 ·建筑材料 ·成本控制 ·……	·复杂系统模型方法 ·线性代数（空间矩阵转换） ·计算机和算法分析 ·计算机图形学 ·数据结构及算法 ·计算机程序语言 ·建筑生成设计技术 ·G 代码及机械手驱动文件生成 ·……	·数控设备加工性能 ·KUKA 机械手 KRL 驱动程序 ·机械手工具选择及制作 ·机械手 I/O 信号程序控制 ·机械手 I/O 传感器设置 ·异形构件模具技术 ·异形构件免模具设备 ·GFRC 和 GRFP 材料数控塑形 ·……

算共性的提炼，优化组合从创意到建造的各子项步骤，体现"数字链"系统对抽象设计物理建造的灵活控制。其研究目的是不仅要获得尺度各异的设计成果，更要形成统一的"数字链"设计和数控建造系统，填补从设计、制造到实际建造之间的潜在缝隙，并将具有严密逻辑思维特征的技术手段逐步发展为具备人文个性的建筑设计工具，最终通过各类数控设备造就设计目标。"数字链"方法将大幅度提升建筑数字技术的设计潜能和建造效率，提供探索与实验的新思路。

4 "数字链"生成技术特征

生成设计不限于某种具象的工业产品，其系统方法是对个性化目标的创作与实现。数控生成设计整合多学科系统方法，它不依赖于既有的各类应用软件，而是通过程序算法、规则控制及程序编码操控设计及数字建造，最大限度地形成不同专业间的无缝"数字链"。基于以上的数字化蓝图，总结"数字链"技术特征如下。

4.1 释放技术潜能

理念总被用来理解或解释基本的事实与信念，如果建筑设计试图着手于算法对建筑世界的创造，那么其设计方法就需要和理性方法相结合。当一种建筑形态超出建筑师的理解范畴，那么它通常是程序算法的结果。"数字链"系统不是人类创造力的替代品，其方法探索不会掩埋人们的想象力，而是会最大限度地释放并提升设计师的智慧。

4.2 跨学科特征

跨学科研究是知识、智慧和技能高度集中的研究方式，也称作"交叉学科"。"数字链"系统提炼建筑学相关原型，将复杂系统模型引入建筑设计及其加工建造过程，构建数理方法与建筑设计之间的学术桥梁，是多学科相互作用、相互补充、协同合作的综合产物。

4.3 设计与算法并行

"数字链"系统借鉴了计算机图形学的有效算法，并对计算机图形学、二维和三维几何学、数据结构问题进行全面解析、合理整合，以计算机学科程序工具为实验手段，通过程序编码、调试、验证，完成从生成方法理论模型到程序数据结构的有效转变。传统意义上的建筑设计遵循着"设计—图纸—加工建造"这样的基本流程，不管是把设计作为核心，还是片面追求加工工艺，均无法使设计与建造相得益彰，它们割裂了本该高度统一的操作流程。为了突破这样的操作模式，"数字链"系统把建筑设计和数控建造融合在严密的程序系统中。因此，加工建造中的约束与特性可以直接反映到建筑设计过程中。换句话说，"数字链"系统的设计过程已经对加工、建造做了全局优化。作为一个复杂的系统，建筑的建造过程会涉及庞杂的数据，如材料特性与价格、数控设备的加工幅面、组装工具及安装流程等。传统方法很难精确、及时、全面地把加工、建造阶段的信息传递到设计过程的早期。现代数字技术已经成为环境、建筑、人工制品的"发生器"，"数字链"系统是艺术与科学、设计与实现的统一，通过理性设计原则推导感性设计成果，引发设计产物科学与艺术融合、理性与感性并存、人工与自然共生。

参考资料：

[1] Ludger Hovestadt. Beyond the Grid：Digital Chain Reaction [M]. Basel：Birkhauser Verlag AG，2010：130−137.

[2] 李飚. 建筑生成设计——基于复杂系统的建筑设计计算机生成方法研究 [M]. 南京：东南大学出版社，2012.

[3] 李飚，钱敬平. 建筑设计生成方法教学研究——"ceiling Margin"生成工具工程实践 [J]. 新建筑，2008（03）：17−23.

[4] 李飚，华好. 建筑数控生成技术"ANGLE_X"教学研究 [J]. 建筑学报，2010（10）：24−28.

[5] 郭梓峰，李飚. 生成设计及其数控塑形研究——以"音律柱"数据可视化生成设计为例 [J]. 城市建筑，2013，8：128−130.

[6] 徐卫国. 数字建构 [J]. 建筑学报，2009（1）：61−63.

人工智能与建筑师的协同方案创作模式研究
以建筑形态的智能化设计为例

孙澄、曲大刚、黄西 哈尔滨工业大学建筑学院寒地城乡人居环境科学与技术工业和信息化部重点实验室

文中图表均为作者绘制。
（原文于 2020 年发表于《建筑学报》）

1. 研究背景

1.1 设计辅助系统在方案创作方面的不足

20 世纪 70 年代，CAD 首次面向建筑师推广，在随后的几十年中出现了大量对其的理论与技术研究，相关研究几乎覆盖了所有建筑设计领域[1]，智能设计辅助系统的开发一直是该领域的研究热点。在 20 世纪 90 年代，阿肖克·戈埃尔 (Ashok K. Goel) 等提出认知性、协作性、创意性是下一代设计辅助系统的核心特征[2]，其中难度与意义最大的是以人工智能技术去解决设计创新问题[3]。虽然现有的设计辅助工具能让建筑师跳出固有的思维模式[4]，但这些系统对大多数建筑师来说太抽象、太复杂，通常需要高级编程技能，因此无法在设计实践中得到广泛认可或被直接使用[5]。在建筑方案设计阶段描述设计偏好和需求时，使用方案示例远比程序编写更容易、直观。对于美学等主观因素影响较大的设计内容，具体的设计方案或过往案例能为建筑师提供更多的设计参考，对方案质量提升更明显。

1.2 深度学习：实现智能化方案设计的新契机

近几年，以深度学习为代表的机器学习技术在绘画、音乐、平面设计等领域取得了很大进展[6]。在建筑学领域，很多学者基于机器学习在建筑的自动化生成方面展开了研究。深度学习具有"生物学相似性"特征，相比于其他自动化或智能化建筑方案设计的使能技术，深度学习无论在实现原理还是设计模式等方面，都更接近建筑师方案创作的相关内容。方案定位、设计创意等大量设计内容都不可避免地要对美学等问题做出应对[7]，而深度学习在艺术、美学等领域具有极为突出的优势。可见，深度学习（特别是计算机视觉领域）整合形状语法 (Shape Grammars, SGs) 与生成系统 (Generation System, GS) 能够为实现方案设计自动化与智能化的相关研究开辟新的道路。目前，深度学习在计算机视觉领域的研究成果与建筑方案设计、设计创新等内容的关联性上并未得到充分挖掘，相关研究也很少。

2. 人工智能与建筑师的协作方案创作

建筑设计初始阶段，若能高效地将建筑师一闪而过的灵感快速落实，或能为建筑师提供大量针对设计任务的具体方案供其比较与筛选，将会有效地激发建筑师的设计创意、提高设计效果与设计效率。本研究提出一种"人工智能与建筑师协同方案创作的设计模式"。

该设计模式由智能设计系统针对具体设计任务展开探索，在一定程度上以接近或类似人类的水平进行学习与设计，为建筑师提供具有针对性的设计方案，供其比较、

筛选与应用。在该过程中，智能设计系统与建筑师共同参与方案设计，能够以协作互动的方式进行方案设计。

本文以概念设计阶段建筑形态的智能化设计为例，对人机协同方案设计模式展开论述。在该设计案例中，智能设计系统能够像助理建筑师一样辅助建筑师进行建筑形态的设计探索，智能化地提取设计意向的形态特征并将其整合到相应的设计中，最终生成新的建筑形态方案。该过程涉及设计创新学、形状文法及人工智能三方面的研究内容。本文将着重介绍笔者所开发的智能设计系统及其在建筑形态智能化设计等方面的应用，结合设计实践展示人工智能与建筑师协同方案设计的方法与流程。

3. 建筑体量的智能设计系统

构建能根据设计任务智能化完成建筑体量设计的智能设计系统是实现人工智能与建筑师协同方案创作的核心。大多数建筑师在概念方案设计阶段都是根据自身的专业知识应用视觉推理的方式进行方案设计的[8]，而深度学习是实现计算机视觉推理的核心技术，故笔者应用该技术开发了实现人机协同方案设计的智能设计系统 (Quick Design Generator)，该系统的框架大体由两部分组成（图 1）：第一部分是以深度学习作为智能化设计的驱动内核，即"设计系统的大脑"；第二部分是以形状文法等内容作为实现数据转化与模型生成的自动化手段，即"设计系统的手"。在概念设计阶段，该系统能从以下三个方面与建筑师开展互动协同的方案设计：基于场地条件的建筑初始体量生成与探索；基于初始体量的建筑形态可能性探索；基于设计意向的建筑形态设计探索。本文所重点论述的建筑形态智能化设计属于第三方面的内容。

4. 建筑形态的智能设计系统

建筑形态的智能化设计系统 (Building Shape Transformation，BST) 是以卷积神经网络作为智能内核建立的。系统遵循以下设计流程（图 2）：首先由建筑师分析设计任务、建立初始建筑体量、选取设计意向；然后由 BST 系统自动完成对设计意向的特征分析与提取，并将相应的设计特征整合到建筑方案设计中，完成初始方案的形态转变与特征调整。设计系统在该过程中如助理建筑师一般，能够结合建筑师的设计想法快速地进行设计尝试并反馈设计结果，供建筑师进行方案比较分析，激发设计灵感、促进设计探索、推进设计开展。

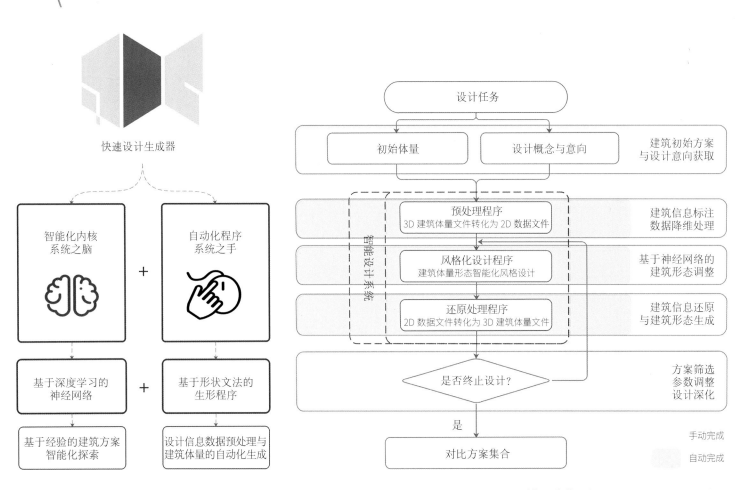

图 1　智能设计系统的架构   图 2　BST 系统及其设计流程

4.1 BST 系统实现的核心内容

BST 系统实现建筑形态智能化设计过程，主要进行以下三步数据处理。

1) 降维处理：将初始方案与设计意向的 3D 模型进行预处理，按照统一的标准分别将其从 3D 模型文件转化成 2D 数据文件，并将生成的 2D 数据文件分别导入 BST 系统的"大脑"——建筑形态设计的卷积神经神经网络（以下简称 BST-CNN) 中。

2) 形态设计：BST-CNN 程序提取导入的意向文件的设计风格与形态特征，并将其整合到初始体量方案中，生成融合了设计意向形态特征的建筑方案文件 (2D 数据文件)。

3) 还原处理：以与 1) 相同的数据处理规则，将生成的 2D 数据文件反向还原生成 3D 建筑体量模型。

这三步数据处理主要包括图形相互转化与 BST-CNN 的建筑形态设计两部分内容。

1) 图形相互转化：该过程是实现 BST-CNN 数据处理的辅助程序，降维处理与还原处理可以近似地理解为对称程序。降维处理程序是实现将 3D 模型转化为具有图纸效果的 2D 数据文件的过程；还原处理程序则实现将 2D 数据文件还原为 3D 建筑模型并在 Rhinoceros 平台展示的过程。

2) 建筑形态设计：研究构建的 BST-CNN 是基于德国图宾根大学莱昂·盖蒂 (Leon A. Gatys) 等学者所提出的神经风格迁移方法 , 在 Tensorflow 框架 (Python 3.5 语言版本) 下实现的。设计系统能自动地输入初始方案与意向方案的 2D 数据文件，并能智能地分析、提取设计意向的形态特征与初始方案的设计内容，并将得到的结果进行融合，生成新的建筑形态，完成风格设计过程。

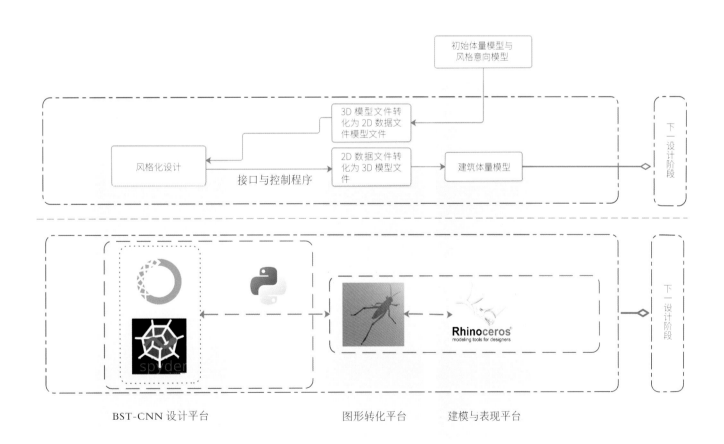

图 3　BST 系统框架内容及其智能平台

表 1   BST-CNN 程序的控制参数

参数名称	说明	影响效果
风格转换的迭代次数（Xnum_iter）	$Xnum\_iter \geq 0$，$Xnum\_iter \in Z$	随 Xnum_iter 增大，设计意向的风格在初始体量中的表达强度增加。
初始方案的权重参数（Xinitial）	$Xnum\_iter \geq 0$，$Xinitial \in R$	随 Xinitial 减小，初始体量的设计内容保留程度变小。
设计意向的权重分布（Xintention）	$Xintention =[a1,a2,a3,a4,a5]$ 其中，$ai \geq 0$，$ai \in R$	随 a1、a2、a3、a4、a5 的比例变化，所表达的设计意向风格特征不同。
深层影响参数	代表参数包括：内容损失函数 风格损失函数 融合损失函数	在设计实践中，往往使用的是对应参数的默认设置，故在本文中不对其展开细致论述。

4.2 BST 系统框架及其应用平台

BST 系统整合了建模与表现平台 (Rhinoceros)、图形转换平台 (Grasshopper)，以及由 Python 语言连接并建立的建筑形态智能设计平台 (Anaconda+Spyder，图 3，见第 35 页)。该系统将建筑师常用的 CAD 设计软件作为设计系统的最外层操作平台，将较为抽象的 BST-CNN 内核程序置于系统内部，以期能够增强系统友好性、提升系统使用率。

4.3 BST 系统的主要影响参数

在不同参数条件下，BST 系统所生成的建筑方案的最终效果也会有所不同。建筑师可以通过调整参数来控制初始体量风格的变化程度与表达效果。主要的影响参数包括风格转换的迭代次数、初始方案的权重参数、设计意向的权重分布，以及深层影响参数（表 1）。相比于图像风格转化，初始化文件的选择也会对建筑形态设计的生成结果有一定的影响。

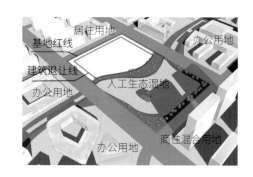

图 4   设计基地及其相关环境

5. 人机协同方案创作模式的实践应用

本文应用人机协同方案创作模式进行设计实践，进一步论述该设计模式的方法流程，并证明其可行性。项目基地位于我国东北某城市，设计任务要求在基地范围内设计一个生态湿地展览中心（图 4）。本次设计建筑师应用 BST 系统以人机协作的设计模式对建筑形态等内容展开设计，具体设计过程如下。

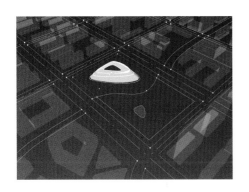

图 5　初始体量鸟瞰

5.1　建筑师对设计任务的初步认识

经过对设计任务与场地环境的分析，建筑师在 Rhinoceros 中建立了设计场地及周边环境的 3D 模型，并根据初步想法，建立了初始建筑体量模型（图 5）。结合基地及其周边环境等设计要素，建筑师尝试以"湖畔巨石"作为本次方案设计的创作理念。建筑师拟将巨石的形态特征整合到已有的建筑体量中，初步完成建筑形态设计。

至此，建筑师只是初步明确了本次设计的基本方向，对于将设计意向整合到初始体量的具体实现方法呈现"模糊性"，对于该设计想法的可行性和整合后的设计效果存在"未知性"。

5.2　基于人机协同的设计可行性初探

为了进一步探索初始建筑体量与所构想设计理念相整合的可行性，建筑师与智能设计系统展开了协同设计。建筑师首先通过检索系统搜索获取了可能的"巨石"意向模型，形成设计意向的 3D 模型库，并从中挑选出最满意的意向形态（图 6）。然后应用 BST 系统去完成初始体量与设计意向整合的设计任务，进行设计可行性的初步探索，具体过程如下。

图 6　设计意向汇总（左）与本方案所选定的意向形态（右）

建筑师将初始体量模型与选定的设计意向模型导入 Rhinoceros，预处理程序在 Grasshopper 平台中对二者进行建筑信息标注与降维处理，并将生成的 2D 数据文件导入系统深层的 BST-CNN 程序当中；在 TensorFlow 环境下，系统激活并运行 BST-CNN 程序，提取设计意向的形态特征 (style feature) 与初始体量的内容特征 (content feature)，整合生成具有 "巨石" 形态特征的 2D 方案数据文件；系统将生成的 2D 数据文件进行还原处理，反向生成建筑体量的 3D 模型，并呈现在 Rhinoceros 平台上 (图 7)。

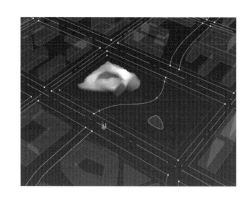

图 7　BST 系统生成的建筑体量

BST 系统能够自动地提取设计意向的形态特征，并将其整合到初始建筑体量中，生成具有设计意向风格的建筑体量。该过程中 BST 设计系统如助理建筑师一样，根据建筑师的想法执行设计任务，进行设计探索，最终将设计结果提供给建筑师进行参考，辅助建筑师进行设计理念的可行性判断。在本次设计中，BST 系统生成的建筑体量能够满足设计预期，证明设计理念具有可行性，建筑师决定采用该设计理念展开本次设计。

5.3　基于人机互动的方案形态探索

为了获得更多的设计灵感，建筑师通过随机调整 BST-CNN 程序中的迭代次数、初始体量与设计意向的权重参数，循环运行形态设计与还原处理过程，从而获得大量该设计风格的建筑形态。表 2 列举了 BST 系统所生成的方案集合中的部分建筑体量及其对应的控制参数，建筑师通过主观评价选择出其中效果最好、深化潜力最大的建筑体量 (本设计选取序号 5) 作为阶段设计成果用以进行深化设计。在该过程中，BST 系统不断为建筑师提供创意，形成潜在的设计互动。BST 系统在建筑形态多样性探索过程中，成功地提取了意向体量与其所在场地之间的空间关系，并将其整合到初始体量的形态设计当中，BST 系统调整后的建筑与场地关系激发了建筑师采用地景设计手法，并结合所选取体量设计了人行坡道、休闲平台空间、室内中庭与屋顶平台等内容 (图 8)。在此基础之上，建筑师进一步深化设计，整合场地设计、立面设计与功能布置，初步完成了建筑概念方案设计 (图 9、图 10)。

综上可见，在本次方案设计中，设计系统并不是简单地照搬设计意向，而是以 "提取、组合、再创作" 的方式进行建筑形态设计。该过程初步实现了团队协作设计的效果，建筑师与智能系统针对设计展开了 "无声的互动与交流"，以人机协同的方式推动方案设计的展开。

表 2　BST 系统生成的部分建筑体量及其对应参数

		参数		
		迭代次数	初始体量权重	设计意向权重
1		1200	8	0.2，0.2，0.2，0.2，0.2
2		3200	0.8	3，0.2，500，0.3，0.2
3		3000	0.1	00，3，500，3，500
4		3200	1	00，3，500，3，100
5		4000	0.3	00，3，200，3，100
6		4500	0.2	00，3，100，5，150

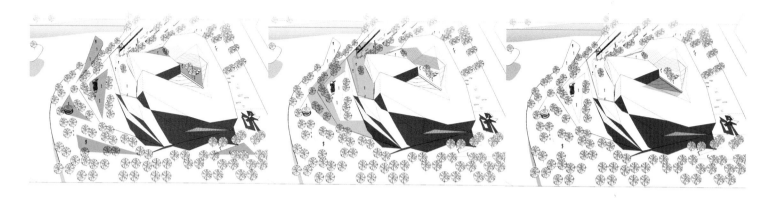

图 8　根据选取体量深化的设计内容（三图分别为休闲平台与屋顶平台、人行坡道体系、室内中庭）

6. 研究结论与展望

本研究以建筑形态智能化设计为例，重点论述了建筑师与人工智能的互动协同方案创作模式，研究与实践证明：智能设计系统能够智能化地完成设计风格提取，并能将提取结果融入设计，在设计方法与设计创意层面辅助建筑师进行方案设计。本研究引入了神经风格迁移（Neural Style Transfer，NST），构建 BST-CNN 来控制建筑形态的生成，在一定程度上完善了形状语法生形的不足。该系统正处于研究初期，作者未来将进一步整合与优化 AI 智能设计系统，使其更加智能化与自动化，使操作界面更友好，系统适用性更强。

人工智能与建筑师的协同方案创作模式能够将"个人"设计模式转化成"类团体"设计模式，从脑力与体力两方面减轻建筑师的工作压力。人工智能能够像助理建筑师一样完成建筑师布置的设计任务，并与建筑师形成协同互动的合作关系，共同推进设计的发展。这与以往设计中辅助工具单纯的绘图、模拟等功能是不同的。虽然本研究只是关于建筑形态智能化设计方面的研究与应用，但也能够从侧面反映出人工智能与建筑师协同方案设计模式的一些以下特征。

设计协作性：建筑师与智能设计系统共同参与方案创作，AI 设计系统能够像助理建筑师一样与建筑师进行协同设计，智能地完成设计内容，该过程呈现出团队设计的特征。

设计互动性：在该设计模式中，系统与建筑师展开互动，进行交流，设计系统能够

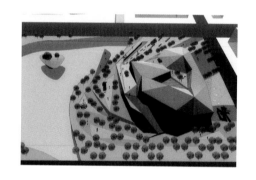

图 9　深化完成的建筑方案鸟瞰图 a

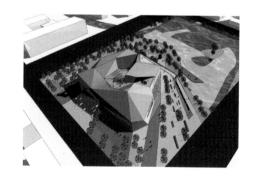

图 10　深化完成的建筑方案鸟瞰图 b

根据自身对于设计任务的理解完成设计内容，为建筑师提供设计参考与对比方案，加快推进设计进程。

方案创新性：与形状语法类似，AI 设计系统所生成的方案也呈现出一定的新奇性与不可预测性的特点，但同时具有更好的可控性，能够激发建筑师的灵感与创意，引发设计创新。

人工智能目前处于并将在未来较长时间内处于"弱人工智能"阶段，结合建筑设计的学科特点，研发出能够绝对自动化完成建筑设计的工具条件还不具备。伴随人工智能的发展，设计工具必将向智能化转型，建筑师与人工智能协同设计领域的理论研究及设计工具的开发将会是未来建筑设计研究领域的重要课题。

参考资料：

[1] So Nmez Nizam Onur. A Review of the Use of Examples for Automating Architectural Design Tasks [J]. Computer−Aided Design，2018，96：13−30.

[2] Goel A K，Vattam S，Wiltgen B，Helms M. Cognitive，Collaborative，Conceptual and Creative—Four Characteristics of the Next Generation of Knowledge−Based CAD Systems：A Study in Biologically Inspired Design [J]. Computer−Aided Design，2012，44：879−900.

[3] Colton S，Wiggins G A. Computational Creativity：The Final Frontier? [C]. Proceedings of the 20th European Conference on Artificial Intelligence. Amsterdam：IOS Press，2012：21−26.

[4] Grobman Y J，Yezioro A，Capeluto I. Computer−based Form Generation in Architectural Design：A Critical Review [J]. International Journal of Architectural Computing，2009，7（4）：535−554.

[5] Roedl D J，Stolterman E. Design Research at CHI and Its Applicability to Design Practice [C]. Proceedings of the SIGCHI Conference on Human Factors in Computing Systems. New York：ACM，2013：1951−1954.

[6] Yann L C，Yoshua B，Geoffrey H. Deep Learning [J]. Nature，2015，521（7553）：436−444.

[7] Imdat A，Siddharth P，Prithwish B. Artificial Intelligence in Architecture：Generating Conceptual Design via Deep Learning [J]. International Journal of Architectural Computing，2018，16（4）：306−327.

[8] Shroyer K，Cardella M E，Atman C J. Timescales and Idea Space：An Examination Of Idea Generation In Design Practice [J]. Design Studies，2018，57：9−36.

走向
数字时代的
建筑结构
性能化设计

袁　烽　同济大学建筑与
　　　　城市规划学院
柴　华　上海一造建筑智能
　　　　工程有限公司
谢亿民　澳大利亚皇家墨尔本
　　　　理工大学

图片来源：
图1：参考资料 [6]
图2：参考资料 [8]
图4：参考资料 [10]
图6、图8、图13：参考资料 [12]
图9：参考资料 [14]
图10：https://3dprintedart.stratasys.com/
zahahadidarchitectschair
图12：http://icd.uni-stuttgart.de/?p=11187
图14：https://neri.media.mit.edu/projects/
details/monocoque-1.html
图15：参考资料 [17]
图16：参考资料 [18]
其余图片均为作者绘制。
（原文于 2017 年发表于《建筑学报》）

1. 数字技术驱动下的性能化转向

1.1 从数字化设计走向数字性能化设计

20 世纪，计算机技术的引入为建筑学带来了一场空前的技术变革。数字建筑初期见证了一系列以形式生成为导向的先锋思想和设计实践。随着早期技术热情的消退，纯粹的建筑形式探索由于结构逻辑、建造逻辑等因素的缺失而饱受诟病。近年来，得益于计算机科学、材料科学、机械工程、建筑学、结构学等学科的交叉，性能化设计思维逐渐成为取代纯粹"形式主义"的数字化设计方法之一。在性能化设计中，控制建筑几何形式的内在参数在特定逻辑系统 [1] 控制下与外部因素互动并生成形式。建筑师可以根据预设的性能化目标对感性形式进行操作与优化，从而使原来纯粹自主的形式逻辑具备了新的半自主的性能化特征。基于对建筑结构性能化、环境性能化以及行为性能化的关注，性能化设计方法为建筑形式赋予了全新的伦理意义。这些性能化目标，既包括更加节省材料、建立与环境更加友好的关系，也包括使人的行为更加贴切与舒适。数字技术驱动下的性能化转向在处理建筑复杂性、可持续性等问题上提供了更加高效、准确的解决方案。可以说，建筑学正在经历着数字性能化设计的转向。

1.2 从数字化建造技术走向数字性能化建构

数字建筑对非线性形式的偏爱是对建筑建造技术的巨大挑战。无论是传统手工建造方式，还是工业化的机械生产方式的建造能力，都无法与数字建筑的复杂性相匹配，从而常常导致"概念与现实之间戏剧性的分裂"[2]。3D 打印、激光切割、机器人建造等数字化建造技术的快速发展带来了建筑建造技术的飞跃。早期数字建筑所忽视的运算生成与物质实现之间的裂缝在强大的数字建造技术的支持下得以被弥补。但在过去的十年间，数字化建造技术尤其是机器人建造技术所带来的变革早已超出了纯粹的工具范畴，需要用更多建筑设计方法、文化内容去重新思考数字化建造技术会为我们带来怎样的产业化未来。一方面，机器人作为一个开放的工具平台，可以根据材料性能和设计需求定制机器人工具端，这也就意味着更多的年轻一代会成为创新个体，为建筑产业化注入更新的文化内容；同时，随着机器人工具端的加工方式、机器人运动模拟与控制程序输出等过程被整合到数字设计平台上，各种性能化目标已经可以迅速实现物质化加工过程，从而有效促进了数字性能化设计与建筑生产过程的整合。作为"性能化建构"的核心内容，机器人数字建造技术与性能化设计方法的结合正在重塑数字时代的建筑建构文化 [3]。

2. 建筑结构性能化设计

2.1 建筑结构性能化设计

结构性能化设计是以结构性能最优为设计目标，通过结构计算、模拟与性能优化过程，寻找具有结构合理性的空间形态的设计过程。建筑学、结构学学科之间的隔阂以及长久以来的教育与实践的专门化倾向，使得结构性能化设计工具仅被用来作为实现建筑师形式梦想的"后合理化"工具。当然，近年来随着多种结构性能化软件与建筑设计软件 (如 Rhino) 的结合，建筑师运用结构软件进行形态"找形"已经成为在前沿学术研究及设计教学中非常普遍的趋势。建筑师对于结构性能化设计软件的无缝应用，已经实现了结构性能化设计方法的"前置"，超越了纯粹以数理计算寻求最优解的结构性能化设计，赋予了更多建筑"找形"、功能合理化、文化特征等重要内容。

结构性能化设计的介入始于 19 世纪中后期的图解静力学，而 20 世纪中期的物理模型"找形"实验是建筑结构性能化设计在前数字时代的典型代表 [4]。

数字时代的建筑结构性能化设计的发展伴随着结构计算、模拟、优化技术的快速发展。数字计算工具首先被用来处理烦琐的工程计算，结构工程师从繁复的计算中解脱出来，工作重心从性能计算转向设计策略 [5]。在前计算机时代难以计算的复杂结构系统，如自由形式的空间网壳结构、膜结构等，可以在计算机的辅助下实现计算、分析和找形。在航空航天、机械设计等行业逐渐发展成熟的形状优化、拓扑优化等结构设计技术被引入建筑设计领域，成为设计师进行结构找形的重要工具。与此同时，图解静力学在计算机平台上实现了形与力的双向交互，有效提高了建筑结构设计的自由度。建筑结构性能化设计方法被开发成脚本和软件，与设计平台互相连接，或者以插件的形式植入设计平台，增加了结构思考介入建筑概念设计和形态生成过程的可能性，也为建筑结构性能化设计从学术兴趣发展到实践应用领域铺平了道路。数字化结构性能设计方法正在成为建筑师与工程师之间共通的设计语言，重新定义建筑师与工程师的合作模式。

基于多样化的结构设计工具，数字时代的建筑结构性能化设计能够在形式与性能之间、建筑局部与整体之间建立多样化的关联，使建筑成为具有结构逻辑性的组织系统。

2.2 从数值计算走向结构图解

长期以来，思维模式的差异是建筑师与结构工程师合作的重要障碍：图解思维是建筑师用于构思抽象空间和形式的主要媒介，结构工程师则善于运用数值思维对结构

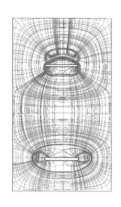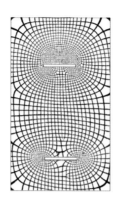

图1　通过调节应力曲线的密度控制结构性能在形式上的呈现方式

的稳定性和力流传导进行量化分析。作为结构工程师主要依仗的工具，"数值分析法"虽然赋予结构设计过程高度的科学性和合理性，但缺少了结构逻辑与视觉形式之间的有机关联，对设计师而言无疑是一种"黑箱操作"。

数字时代下，复杂的数值计算被打包为结构算法交由计算机处理，在设计平台上，结构算法能够以直观、动态的结构图解将结构性能直接对应于结构的几何形式。在有限元分析中，以连续变化的色阶表征结构性能的分布情况是结构图解的原始表现形式。数字化结构性能图解不仅能够将结构性能以图解的方式可视化，更重要的是在结构性能与建筑几何形式之间建立了实时交互的关联性。以曲面结构优化为例，基于 Grasshopper 平台的有限元插件 Milipede（千足虫）能够对曲面结构进行有限元分析 (FEA)，对分析结果进行几何化提取和可视化展示，同时将优化后的主应力曲线附着到曲面上，允许设计师对曲线的密度和粗细进行交互控制[6]（图 1）。

数字时代的结构性能图解的优势在数字化图解静力学中得到了最充分的体现。图解静力学中清晰的力学表达不依赖于形与力的数值关系，而是依据"形图解"和"力图解"之间的交互关系：形图解代表结构、作用力和荷载的几何形状；力图解表示结构中内力与外力的整体和局部平衡状态[7]。数字环境下的三维建模技术充分调动了图解静力学的双向交互机制，将结构形式与力流控制整合在一个设计回路中，使建筑师能够对形式和性能进行综合调控。推力线网络分析法 (Thrust Network Analysis，TNA) 是菲利普·布洛克 (Philippe Block) 团队基于图解静力学原理开发的拱壳结构设计方法。在操作层面，TNA 首先利用形图解和力图解的交互作用找到拱壳结构在水平投影面上的平衡状态，然后通过施加垂直荷载使其呈现为三维推力网格。在此过程中，水平面上的形图解与力图解始终保持交互，而三维拱壳结构与二维形图解始终保持投影关系[8]。设计师可以通过调整形态图解来改变结构的边界条件，或者通过调整应力图解来改变拱壳的内力分布，在初始平衡的基础上进行互动找形 (图 2)。基于 TNA 的 Rhinoceros 插件 RhinoVAULT 已经成为壳体结构设计的有效工具，被广泛应用于不同尺度的壳体结构中。2016 年，袁烽团队设计的江苏省园艺博览会现代木结构主题馆以 RhinoVAULT 为建筑找形工具，结合机器人建造技术实现了跨度 40 米的木网壳结构的设计与建造 (图 3)。

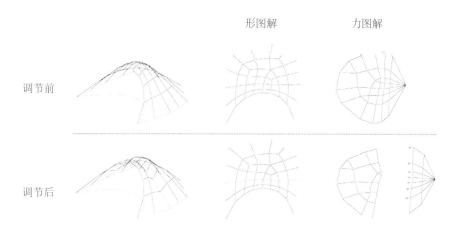

图 2　菲利普·布洛克团队通过操控力图解对结构形态进行调节

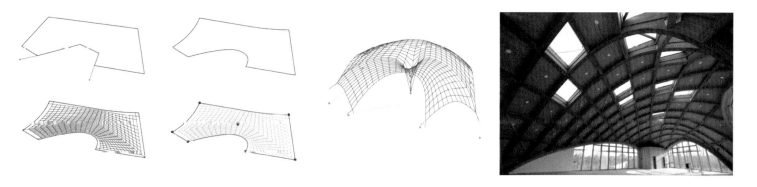

图 3　袁烽团队设计的江苏省园艺博览会现代木结构主题馆运用 RhinoVAULT 进行建筑找形（2016 年）

2.3 从结构设计走向数字"找形"

传统数字建筑的结构设计过程是一种"后合理化"模式[9]，结构顾问和工程师在建筑师提出的形式概念基础上，通过繁复冗杂的结构计算为形式概念提供支撑。在过去 30 年间，Bollinger + Grohmann、ARUP 等大型工程顾问公司的快速发展从侧面反映出结构工程师为"后合理化"工作所付出的巨大代价。数字化结构"找形"对建筑工程的直接影响在于建筑师不再自上而下地创造形式，而是通过结构性能生形方法寻找兼具结构合理性与形态美学的形式，而结构工程师也摆脱了被动应对复杂形体的梦魇。

基于三维物理模型的"结构找形"是数字化结构找形的雏形。对于壳体结构、张拉膜结构等特定的结构类型，三维物理模型能够在不需要结构计算的情况下有效地预测足尺结构的性能特征，在创造形态的同时，为形态增添了缜密的力学逻辑。从高迪采用链条和沙袋进行的倒挂实验到海因茨·伊斯勒 (Heinz Isler) 的倒挂织物模型，再到弗雷·奥托 (Frei Otto) 采用肥皂泡进行的"极小曲面"找形实验，物理找形在前计算机时代创造了一批优秀的空间结构。

随着数字时代的到来，计算机强大的计算能力使代数和数值解析方法的潜力得到了充分发挥，"结构找形"从计算逻辑上具备了解决复杂结构问题的能力。在前计算机时代需要采用物理模型找形的结构系统，现在不仅能够在计算机平台上完成找形，其结构性能还可以被精确计算。自由且精确的数字化结构性能找形设计突破了结构

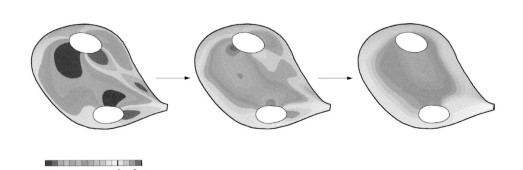

-8mm   0 +2mm

图 4　丰岛美术馆的结构形态优化过程（2010 年）

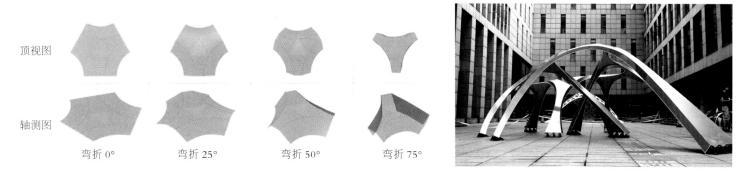

顶视图

轴测图

弯折 0°   弯折 25°   弯折 50°   弯折 75°

图 5　袁烽、王祥指导的 DADA 数字建造工作营采用 Kangaroo 进行曲线折板结构找形模拟 (左)，用于指导曲面折板结构的建造（2017 年)

找形与结构计算的分立，为创造高性能的建筑形式提供了可能。日本工程师佐佐木睦朗 (Mutsuro Sasaki) 从伊斯勒、奥托等人的壳体结构研究出发，采用数字技术将结构工程中的敏感性分析应用到壳体结构的设计中，实现了自由曲面形态的混凝土壳体结构的优化找形。采用这项技术，佐佐木睦朗与建筑师西泽立卫 (Nishizawa Ryue) 合作设计的丰岛美术馆，将力学性能与形式美学完美融合，营造了浑然天成的空间效果 (图 4)。多样化的数字化结构生形算法展现出数字化结构性能找形的巨大潜力。采用数学方程求解空间结构平衡状态的力密度法被广泛用于索网结构、膜结构和张力整体结构的生形设计中，基于图解静力学的推力线网络分析是壳体结构找形的有效工具，而丹尼尔·派克 (Daniel Parker) 开发的 Grasshopper 插件 Kangaroo 则采用粒子弹簧系统为多样化的找形需求提供了解决方案 (图 5)。

值得一提的是，数字化结构找形工具的强大并不意味着计算机能够取代设计师的创造性思考，也不意味着设计师可以不再需要结构工程师或顾问。正如帕纳约蒂斯·米哈拉托斯 (Panagiotis Michalatos) 所言，结构分析和找形的结果"需要大量的努力和解释才能达到一定合理的程度"，而建筑师的创造性思考和工程师的专业知识无疑是对数字找形进行"解读"的关键。

2.4 从结构分析走向渐进优化

有限元法是伴随着计算机技术的出现而迅速发展起来的现代结构计算方法。与其他结构算法相比，有限元分析的强大之处在于其计算精度高、适用性强，被广泛应用于航空航天、机械制造等行业。在建筑领域，有限元法早期主要被用于结构分析，通过对特定形式进行结构性能计算，找出结构的薄弱环节或问题区域。基于有限元分析的结构工程软件是结构工程师的主要分析工具，市场上 ANSYS、ABAQUS、Altair 等有限元软件为结构工程师的工作创造了良好的条件，但同时这些软件的专业性与复杂性也将建筑师排除在结构模拟过程之外。

事实上，由于性能分析与评估是决定工程决策的主要因素，因此结构性能优化一直处于工程学科的核心位置。从 20 世纪中期以来，轻质结构设计致力于用最小化的结构质量创造最大化的承载能力，是结构性能优化设计思维表现最突出的领域之一。在当下材料资源短缺、环境影响以及技术竞争等多方压力下，更轻质、成本更低且能可持续发展的建筑结构变得尤为重要。基于有限元法的结构拓扑优化能够在设计空间中优化材料分布，在满足一定的结构性能指标（总体稳定性、强度和刚度等）的前提下找到结构最优的拓扑形态、形状和尺寸。不同于传统意义上的结构尺寸优化或形式优化，基于有限元分析的拓扑优化能够从根本上改变初始结构形式的拓扑关系，从而创造出新的结构形态，实现了有限元从结构分析到结构优化的转化。借助拓扑优化法，建筑师和结构工程师可以在初始设计阶段，依据设计需求找到结构性能高效的建筑形式。

渐进结构优化法是澳大利亚工程院院士谢亿民在过去 30 年里研发出的拓扑优化算法之一。基于拓扑优化逻辑，渐进结构优化法能够逐步从结构体中去除低效材料，从而逐渐衍生成最优的最终形态[11]。在之后谢亿民团队提出的双向渐进优化法中，材料根据受力情况既可以在低效区域被删除，又可以在高效区域被添加，进一步提高了优化过程的可靠性与快捷性。结构渐进优化法可以与商业的有限元分析软件进行互连，如 ABAQUS 和 ANSYS，同时它还可以与 Rhinoceros 和 Maya 等计算机辅助设计软件整合使用[12]。渐进结构优化法将多种复杂结构问题简化为直观的形式操作，为创造新颖、高效的结构形式提供便捷的工具。

渐进结构优化法的强大功能使其具有广泛的适用性。在马克·贝瑞 (Mark Burry) 团队与谢亿民合作对圣家族大教堂的建造研究中，渐进结构优化找形的结果与高迪的设计手稿具有惊人的相似性（图 6）。日本建筑师矶崎新 (Arata Isozaki) 与结构工程师佐佐木睦朗合作，运用双向渐进优化算法生成了卡塔尔国际会议中心自由形态结构设计。2015 年，袁烽团队设计的上海 Fab-Union Space 展馆采用双向渐进优化法对核心交通空间进行了形态找形，被直纹曲面所拟合之后的建筑空间成为将力流传导、美学表现以及建筑功能有机融合的整体（图 7）。

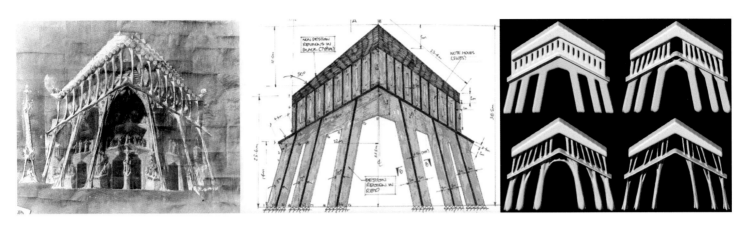

图 6　谢亿民团队采用 BESO 对圣家族大教堂受难门进行的找形过程 (2004 年)

图 7　袁烽团队设计建造的 Fab-Union Space 展馆采用 BESO 算法
进行核心交通空间的找形过程 (2015 年)

3. 建筑结构性能化美学

建筑结构性能化设计方法并非以一种新的美学范式的姿态出现，随着数字建筑领域对性能化设计的关注，以及相关研究和实践项目的广泛开展，建筑结构性能化设计因素逐渐在数字建筑形态上留下了痕迹。一种建筑结构性能化美学越发突显出来。

3.1 基于结构优化的形态仿生

随着"优化""进化"的观念逐渐成为结构性能化设计领域的主导思想，结构优化过程常被类比于生物形态在漫长的进化过程中不断适应环境的过程。渐进的结构优化是通过反复迭代和演化实现"最优解"的过程，场地、结构需求、功能布局、建造约束等条件成为形态"进化过程"中"自然选择"的指标，共同作用于几何形态的演化。尽管基于结构优化的形态仿生并不是对自然界有意识的模仿，而仅是一种观念上的仿生，或者说过程仿生，但是大量的研究案例表明，人工优化后的结构形态往往与生物形态具有极高的相似度。在一个利用 ESO 算法进行形态优化的样例中，一个重力作用下的悬挂物体被逐步去除低应力材料，获得一个表面应力分布均匀的形态，最终形态类似于一个自然生长的苹果或者樱桃 (图 8)。无独有偶，卡塔尔国际会议中心支撑屋顶的巨型结构是采用双向渐进结构优化法生成的结构形式，结构形如两棵相互交叉的大树，被认为是源于当地的"锡德拉树"。 实际上，人工优化的结构与自然结构之间的相似性在图解静力学时代便已显露出来，被称为"图解静力学"之父的卡尔·库曼 (Karl Culmann) 发现了人大腿骨上端的骨小梁的海绵状结构与起重机结构主应力轨迹的相似性 [13] (图 9)。这种相似性源自深层机理的相似性，从而基于结构优化的形态仿生，从一个侧面证明了结构性能化设计的有效性。早期数字建筑追求通过与"球状折叠拓扑曲面"形式概念寻求与自然环境的融合。相比于无缝流动的早期数字建筑与自然形态的相似性，结构性能化设计从更深层次上与自然界取得了联系。结构性能化设计的有机形态，以及将建筑设计过程作为一种人工进化过程的观念，仿佛使结构设计成了自然的一部分。从这种意义上讲，结构性能化设计是一种向自然状态的回归。

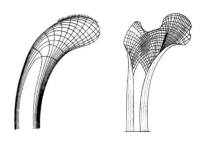

图 9　起重机结构（左）和人体骨
小梁（右）的主应力线分布对比

图 8　通过 ESO 算法模拟物体在自重作用下悬挂在空中的最优形状

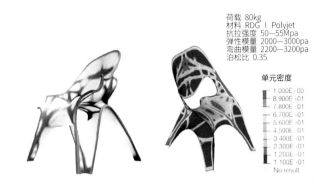

荷载 80kg
材料 RDG ｜ Polyjet
抗拉强度 50—55Mpa
弹性模量 2000—3000pa
弯曲模量 2200—3200pa
泊松比 0.35

单元密度

1.000E+00
8.900E-01
7.800E-01
6.700E-01
5.600E-01
4.500E-01
3.400E-01
2.300E-01
1.200E-01
1.100E-01
No result

图 10　扎哈事务所设计的 3D 打印椅子 (2014 年)

3.2　性能渐变与形式微差

有限元结构分析结果呈现为色阶的连续渐变，用来表示结构性能的连续变化。在结构优化设计中，结构性能与建筑形式的交互使性能的连续变化呈现在形式的连续变化上，为连续材料分布的柔性结构和无缝结构的设计提供了参考依据。而增材打印技术的发展为连续渐变的实现提供了技术基础。扎哈事务所设计的一把椅子采用了有限元法对椅子的结构进行分析，通过调整材料的密度分布优化椅子的结构性能，借助多颜色、多材料增材建造技术实现了椅子的制造，最终使椅子呈现出美学与性能的有机融合 (图 10)。在袁烽指导的一个课程设计中，学生采用类似的设计思路，通过机器人增材打印技术实现了材料密度的连续渐变 (图 11，见第 51 页)。这种探索不仅展现了结构性能化设计的全新美学，无疑也为结构设计提供了全新的思考方式。

在参数化的设计系统中，结构更多时候会被离散为有限的结构单元，单元之间通过参数控制实现形式关联性。在结构性能的影响下，单元之间通过形式微差实现了单元形态与局部受力状态的统一，单元与单元的组合共同拟合出结构整体的性能和美学。这种单元化或周期性的结构被广泛应用于数字建造研究中。斯图加特大学计算研究所 (ICD)/ 建筑结构研究所 (IIKE)2013—2014 年度的研究展亭由机器人缠绕的碳纤维结构单元组成，其中每个单元的纤维排布方式与结构单元的局部性能直接相关，单元的连续变化取得了复杂而多样的视觉效果 [15] (图 12)。同样在谢亿民团队设计的一个周期性结构步行桥方案中，整座桥在水平方向被分为 10 个单元体，在截面周长方向分为 6 个单元体，然后通过双向渐进结构优化得到单元形态的连续变化，实现了视觉和结构上的创新 [12] (图 13)。

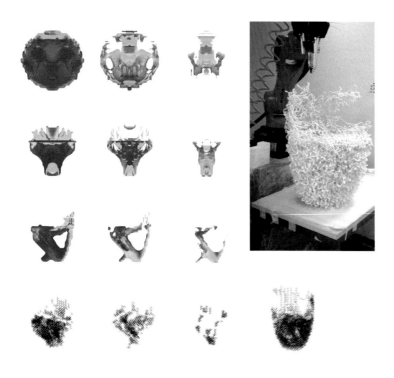

图 11　袁烽指导的学生作业：采用机器人增材打印技术将拓扑优化
结果转化为打印椅子材料的连续变化

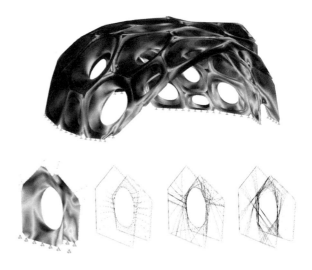

图 12　2013—2014 年度的 ICD/ITKE 研究展亭

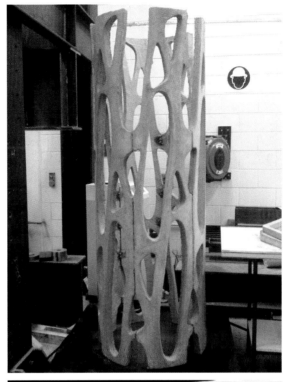

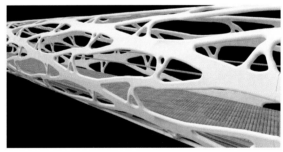

图 13　谢亿民团队设计的周期性步行桥结构
混凝土原型（上）与方案（2007 年）

3.3 建筑结构同质化

如果将目光集中到建筑与结构之间的关系上，结构性能化设计正在带来一种同质化
倾向。回顾建筑与结构的历史，结构曾经作为建筑本身，如 20 世纪大量的薄壳结
构中结构即是建筑，结构也曾经作为表现性因素出现在高技派建筑师的实践中，但
更多的时候结构被藏在建筑形式背后，仅作为支撑物而存在。

与传统设计中支撑结构与非支撑构件的明确区分不同，结构性能化设计中两者之间
的边界正在变得越来越模糊。随着多材料增材建造技术的发展，结构与非结构可以
仅是同一连续体中材料密度的连续变化。上述扎哈事务所设计的椅子便是这种同质

的连续体的典型。不再有表皮与结构的区分，甚至也不再有结构与非结构的差异，建筑与结构呈现出一种同质化的倾向。即使在上文谈到设计的离散化时，建筑也并没有被分解为结构部分与非结构部分。相反，结构单元以不同的形态在整体结构中承担不同程度的结构作用，单元之间的差异仅仅在于结构作用的大小。在内里·奥克斯曼 (Neri Oxman) 的作品中，这种同质化的倾向表现得尤为明显，在结构原型 Monocoque 中，多标量的荷载条件下的材料密度被用来表现结构皮肤的概念，表面上剪切应力和表面压力的分布体现在脉络状元素的分配和相对厚度中[16]（图 14）。这种同质化的设计和建造方式被称为"可变属性"设计建造。从这一意义上看，建筑与结构实现了比以往任何时代都更加紧密的交融。

4. 建筑结构性能化建构

4.1 从形式微差到批量定制

结构性能化设计的发展与数字建造技术密不可分。数字建造技术摆脱了工业化的标准生产模式，使非标准构件的大批量定制化生产成为可能。在数字化结构性能生形设计中，性能优化带来了异质性、多样性等几何属性，不仅表现为整体或单元形态的非标准化，也体现在单元数量的激增。数字建造技术的批量定制能力成为结构性能化设计得以物质化的必要条件。基于参数化操作模式，数字建造工具和性能化设计方法能够被有机整合，使设计与建造真正成为一套连续、完整的系统。从经济性的角度而言，数字时代下非标准构件的批量生产能够像生产标准化构件一样经济高效。

在过去十年间，机器人建造技术的引入和快速发展无疑是数字建筑的一次伟大变革。类似于计算机软件平台，机器人提供了一个具有高精确度、开放和自由的工具平台，通过定制工业机器人末端效应器，机器人可以执行类型迥异的作业任务。机器人无限执行非重复性任务的能力使非标准结构单元的大批量定制化生产成为可能，从而形式的内在性能被顺利转化为材料建造。ICD/ITKE 精心设计并建造的展亭展现了机器人建造技术的强大的批量定制能力，同时也展示出数字建造技术的建造能力在结构性能化设计中的积极作用。

4.2 结构性能化设计与增材建造技术

增材建造技术，尤其是 3D 打印技术的发展赋予了结构性能化设计更高的灵活性。一方面 3D 打印材料从 PLA、ABS 等塑料材料拓展到了金属和复合材料领域，大大提高了 3D 打印结构的性能；另一方面，3D 打印技术突破了单一材料的局限，不仅可以将材料以不同的密度分布呈现出来，也可以将不同特征的材料根据设计需求整合在一个连续体之中。增材建造技术的进步启发了结构同质化、"柔度渐变"等

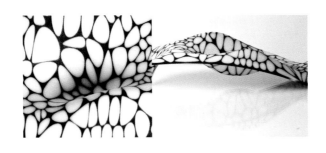
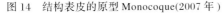

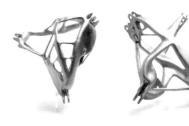

图 14　结构表皮的原型 Monocoque(2007 年)

图 15　谢亿民团队用 BESO 设计与
3D 打印的金属节点

设计思想，有效推动了结构性能化设计方法的进步。在谢亿民参与的一个研究项目中，金属增材打印技术与双向渐进优化法被用来设计建造复杂结构连接节点，展示出增材打印技术在数字建筑中的应用潜力 (图 15)。然而不可否认的是，当前 3D 打印技术的效率以及经济性仍然难以满足建筑结构尺度的需求。黏合剂喷射打印技术 (Binder Jetting Technology) 和机器人增材打印技术为大尺度结构性能化设计的建造提供了经济、高效的解决方案。大尺度黏合剂喷射打印是在打印粉末时通过数控喷射的液体黏合剂将材料逐层黏结成型的增材打印技术，可以用于任何可以黏合的粉末材料，如水泥、塑料、陶瓷、金属、沙、石膏等。工业级的沙子打印机以 0.1 毫米的精度打印 8 立方米的体量，常用于铸造业领域金属模具的生产。苏黎世联邦理工学院 (ETH) 的一项研究采用大尺度的黏合及喷射打印技术进行沙子打印，用来生产复杂形式的结构构件或混凝土模板。项目采用拓扑优化技术设计了两个纯压力的楼面板结构 (由于目前 3D 打印沙子抗弯性能不足，因而研究被局限于纯压力结构的打印)，并采用 3D 沙子打印实现了 1：1 尺度的原型建造，充分证明了这项技术在大尺度结构打印领域的有效性和潜力 (图 16)。

机器人的空间运动能力能够有效提高增材打印的效率，同时开创性的机器人空间打印技术相比于传统层积式打印进一步优化了材料使用。通过定制机器人工具端，机器人增材打印可以以金属、陶土、混凝土等建筑材料作为打印材料，为大尺度空间结构的增材建造铺平了道路。在 2017 年上海 "数字未来" 活动中，机器人 3D 打印步行桥项目将机器人增材打印与结构拓扑优化技术相结合，对建筑尺度的增材打印技术进行了实验探究。该项目包含一大一小两座步行桥，使用机器人改性塑料打印技术建造而成，其中小步行桥为整体打印，跨度 4 米，桥体总长 6 米，大步行桥采用分块预制模式，桥体被分为 8 块，跨度 11 米。项目采用拓扑优化法优化材料分布和用量，然后采用机器人建造技术用两周左右实现了两座桥的预制化生产，充分验证了机器人增材打印技术的巨大潜力 (图 17)。

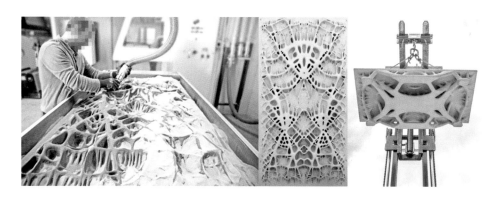

图 16   3D 沙子打印技术和 3D 沙子打印的楼面板结构原型

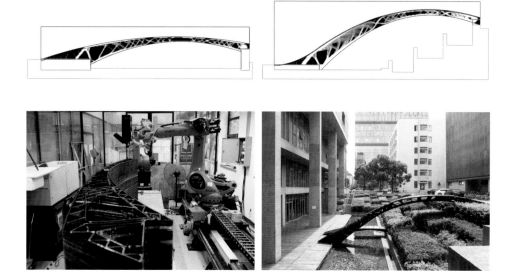

图 17   袁烽、孟刚团队在上海"数字未来"暑期工作营完成的"机器人 3D 打印步行桥"项目(2017 年)

5. 结语

数字时代的建筑结构性能化设计是一种数字技术驱动下的设计变革。性能化设计技术、数字建造技术作为延伸建筑师与结构工程师协同范围的重要工具,使设计师在驾驭全新的性能美学的同时提高项目的可建造程度。结构性能化设计通过整合结构、形式与材料,更好地推动了建筑与结构设计的互动融合。可以预见的是,数字时代的结构性能化设计作为建筑师与结构工程师、形式与结构、图解与数值之间不可或缺的桥梁，无疑将会打破建筑与结构的设计边界，使建筑学与结构学在"性能化建构"中实现全新的统一与融合。随着全新数字建构文化的发展，建筑机器人、3D 打印、智能建造技术的不断提升，建筑结构性能化技术正在为未来建筑产业化升级积聚能量，相信在不远的将来，建筑结构性能化技术必将为建筑产业的数字化、智能化转型提供重要的支持。

参考资料：

[1] Menges A. Integrative Design Computation：Integrating Material Behaviour and Robotic Manufacturing Processes in Computational Design for Performative Wood Constructions [C]. Proceedings of the 31th Conference of the Association For Computer Aided Design In Architecture，Banff，October 13-16，2011，72-81.

[2] 安托万·皮孔. 建筑图解，从抽象化到物质性 [J]. 周鸣浩译. 时代建筑，2016（5）：14-21.

[3] 袁烽，肖彤. 性能化建构——基于数字设计研究中心（DDRC）的研究与实践 [J]. 建筑学报，2014（8）：14-19.

[4] 袁烽，胡永衡. 基于结构性能的建筑设计简史 [J]. 时代建筑，2014（5）：10-19.

[5] Picon A. Digital Culture in Architecture [M]. Basel：Birkhäuser，2010.

[6] Adriaenssens S，Block P，Veenendaal D，et al. Shell Structures for Architecture：Form Finding and Optimization [M]. London & NY：Routledge，2014：200.

[7] Lachauer L，Kotnik T. Geometry of Structural Form [C]. Advances in Architectural Geometry 2010. Springer Vienna，2010：193-203.

[8] Rippmann M，Lachauer L，Block P. Interactive Vault Design [J]. International Journal of Space Structures，2012，27（4）：219-230.

[9] 帕纳约蒂斯·米哈拉托斯. 柔度渐变—在设计过程与教学中重新引入结构思考 [J]. 闫超译. 时代建筑，2014（5）：26-33.

[10] 佐佐木睦朗. 自由曲面钢筋混凝土壳体结构设计 [J]. 余中奇译. 时代建筑，2014（5）：52-57.

[11] Xie Y M，Steven G P. A Simple Evolutionary Procedure for Structural Optimization [J]. Computers & Structures，1993，49（5）：885-896.

[12] 谢亿民，左志豪. 利用双向渐进结构优化算法进行建筑设计 [J]. 吕俊超译. 时代建筑，2014（5）：20-25.

[13] Von Meyer GH. Die Architecturder Spongiosa.Reichert und Du Bois-Reymond's Archiv，1867：615-628.

[14] Wentworth Thompson，D'Arcy. On Growth and Form [M]. Cambridge：Cambridge University Press，1917：683.

[15] Doerstelmann M，Knippers J，Menges A，etal. ICD/ITKE Research Pavilion 2013-2014：Modular Coreless Filament Winding Based on Beetle Elytra [J]. Architectural Design，2015，85（5）：54-59.

[16] GAM 12：Structural Affairs [M]. De Gruyter. Basel：Birkhäuser，2016.

[17] Williams N，Prohasky D，Burry J，et al. Challenges of Scale Modelling Material Behaviour of Additive-Manufactured Nodes [C]. Design Modelling Symposium，2015：45-51.

[18] Meibodi M，Bernhard M，Jipa A，Dillenburger B. The Smart Takes from the Strong 3d Printing Stay-In-Place Formwork for Concrete Slab Construction[C]. Fabricate，2017：210-217.

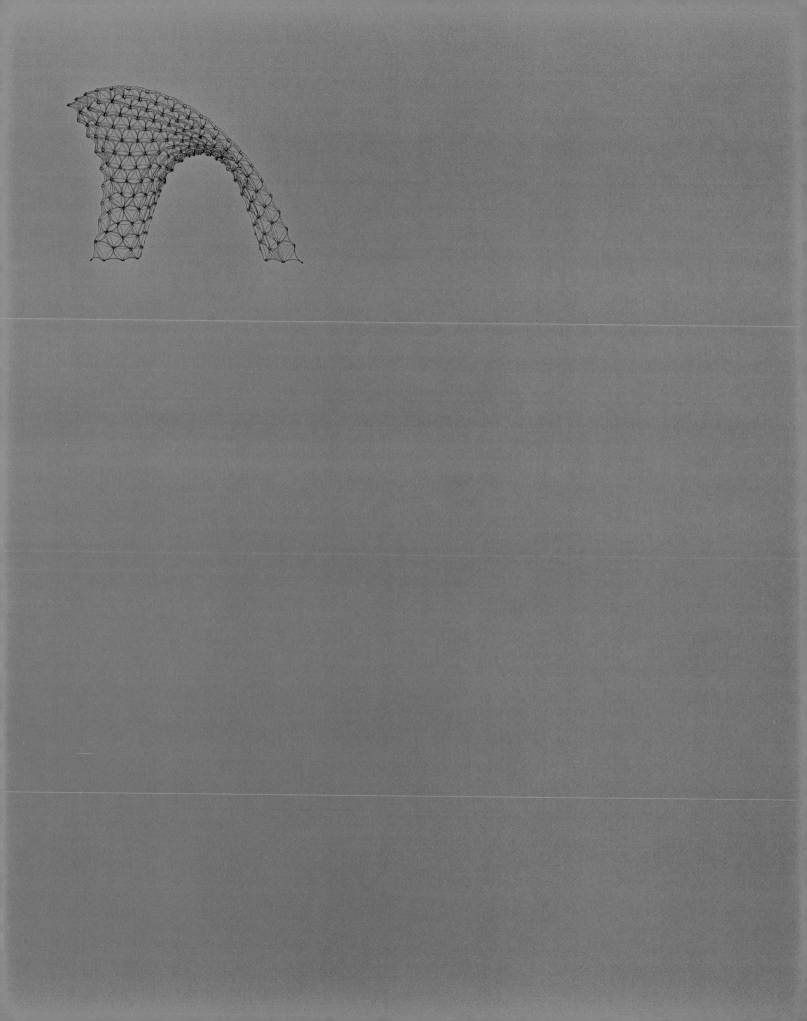

科研成果部分旨在介绍当前最新的数字建筑设计方法和相关实验成果，使读者能够了解当下最新的研究方向和最前沿的可能性探索。本部分共 13 个案例，主要涉及数字建筑设计的算法研究、建构实验、建造实例等几个方面。

其中，《传统冰裂纹的数字生成》是数字建筑设计的算法研究，通过改进算法实现更加符合传统审美的数字形态结果；《基于编织结构的 Gyroid 极小曲面网壳》强调算法对结构的优化，并采用编织结构创新性构建曲面形体；《机器人建构实验》探索采用机械臂来建造和组装非标准形态的可能性；《竹的材料性运算》从材料角度出发，探索了竹子作为材料实现曲面形体的可能结构形态；《2016 及 2019 DAL 数字亭》展示了两个自由曲面建构的可能形式；《巢群》项目介绍了基于晶体结构的多种不规则空间镶嵌形体的构成方式和构建实验；《三维打印混凝土桥》探索了三维打印混凝土技术构建桥梁的可能性；《智能建造花园》探索了在非实验室环境下多机械臂协同建造，并以标准化材料（土砖）完成自由形态建构的可能性；《模块化大跨度薄壳穹顶》和《柔性模具模块化混凝土薄壳拱》分别介绍了两个关于薄壳形态建造的实例；《云市》展示了三维打印用于大尺度建构的可能性。

科 研 成 果

RESEARCH
PROJECTS

传统冰裂纹的数字生成

在我国传统的木装饰中，冰裂纹的形状千变万化，充满神秘感，其传统做法有赖于工匠的审美和手艺。近来有建筑师及其他领域的设计师试图将冰裂纹图案应用于其他设计对象，但对于如何得到合适的冰裂纹图案的问题，以及有关冰裂纹的算法方面的研究尚没有取得实质性的进展，该研究尝试从"裂纹"的概念出发，通过计算生成冰裂纹网格，再在 Grasshopper 平台上采用 VB 脚本运算器编程将其实现，来解决这一问题。

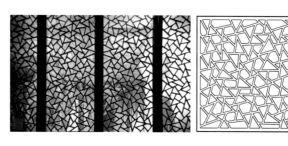

传统冰裂纹木窗   基于算法生成的冰裂纹

通过观察发现，冰裂纹图案是由一组"T"形交接的线条组成的。项目组根据"裂纹"这一名称，提出了生成思路：假设冰裂纹中的每根线条为一条裂纹，每条裂纹均是由某点开裂并逐渐沿着直线或曲线延长，当有其他裂缝阻挡了其延长时，则此裂缝的延长过程终止，这样就形成了"T"形交接的一组裂纹。主要算法步骤包括裂纹轨迹的预设、裂纹的阻断、裂纹的延长修正，以及"坏形"的判断与处理。

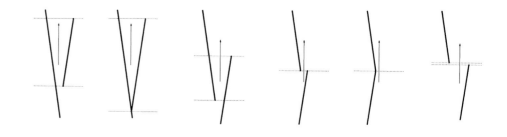

基于与平分线向量垂直的平面来判断裂纹之间的关系

研究单位：南京大学建筑与城市规划学院
研究时间：2014 年
团队成员：吉国华、王立凯、徐蕾、陈中高

该项目通过研究线条之间"T"形相交图案的算法，有效地解决了冰裂纹图案的生成问题。算法基于裂纹的发生和发展原理，简单易懂，容易实现，可在平面和曲面上生成由直线和曲线构成的冰裂纹，也可以由多边形阵列生成随机冰裂纹。

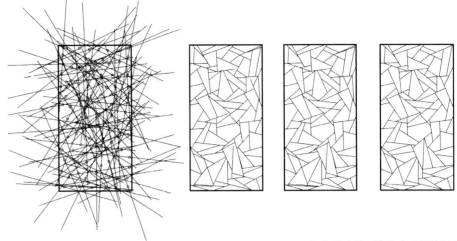

"T"形交接图案的生成算法过程

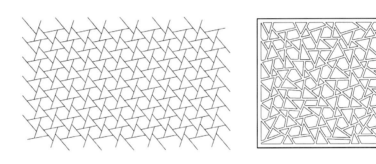

基于规则网格的冰裂纹图案

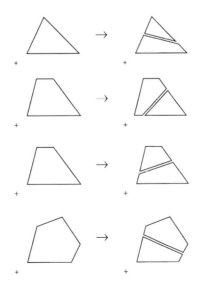

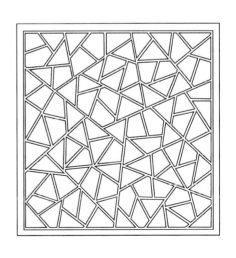

采用形状语法生成的冰裂纹

在计算机上实现冰裂纹的意义不仅在于可以不依赖传统工匠而获得更多样式的冰裂纹，还在于可以进一步利用数字加工设备进行生产，彻底摆脱由于传统工艺的失传而导致的诸多问题。另外，综合应用其他数字技巧，还可进一步拓宽冰裂纹的应用范围。该项目展示了在曲面上形成冰裂纹图样的例子，以及在立方体表面上生成六面连续冰裂纹的尝试。

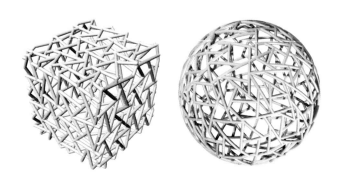

沿立方体与球面表面的连续冰裂纹

项目组还尝试将冰裂纹数字化设计应用于建筑设计中，并与三维打印技术结合，应用于文创产品中，凸显设计的地域文化特色。通过三维打印技术满足了复杂纹样对于生成精度的要求，也实现了定制生产，目前已将上述技术试用于灯罩的设计和生产。此外，项目组对各种裂纹的发生和发展原理进行深入研究，将其转化为严谨的算法，继而实现不同裂纹图案的生成与模拟。

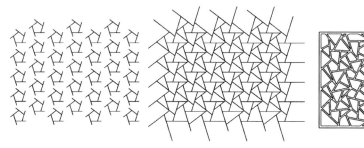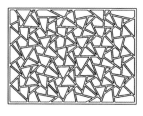

由正五边形阵列经两个步骤生成随机冰裂纹　　　　基于随机裂纹轨迹的冰裂纹图案

冰裂纹在室内空间设计中的应用

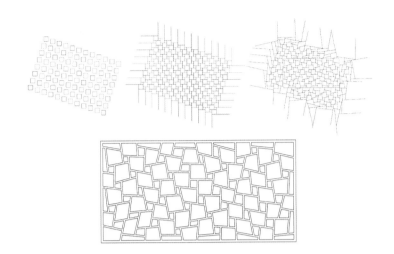

由正方形阵列经两个步骤生成随机冰裂纹

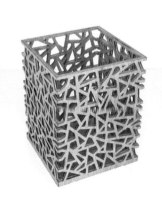

基于编织结构的 Gyroid 极小曲面网壳

编织结构是一种可以用来建造自由形态网壳的主动弯曲结构体系。该体系不用借助复杂的数控技术或三维打印机，只基于标准化的杆件和节点，就可以用于建造各种自由形式的几何形状。基于网格重划分（remeshing）的生成算法保证了其对各种自由曲面的适应性。

该项目是 2019 年国际薄壳与空间结构学会（IASS）创新轻型结构竞赛的获奖作品。在这个作品中，项目组尝试在一个直径 4 米的球体的球面范围内建造 Gyroid 极小曲面网壳，验证编织结构对复杂自由形态的表达能力、结构性能，以及建造可行性。

设计参数组合比选：该设计采用密度相对较大的编织网格按照多层编织结构的概念进行建造，以提高编织结构的结构性能和适应性，并通过对球形网壳的结构模拟，找到编织网格、杆径和编织结构层数的理想参数组合。

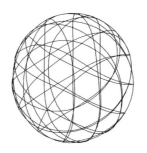 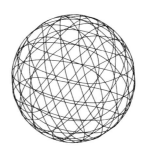 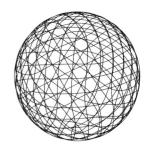

（a）174 个节点，总长173m   （b）354 个节点，总长 242.9m   （c）714个节点，总长347.6m

不同节点的编织结构

研究单位：清华大学建筑学院黄蔚欣研究室
研究时间：2019 年
团队成员：黄蔚欣、吴承霖、罗子牛、李馨纶、苏彦杰、王梓安、尹昕、陈伯安、熊鑫昌、胡竞元、黄子愚、周海宁
摄影：黄蔚欣、苏彦杰、罗子牛、李馨纶

总载荷与结构自重之比

	杆径								
	2mm	2.5mm	3mm	4mm	5mm	6mm	7mm	8mm	9mm
方案（a）	—	—	—	—	—	1	1.4	1.8	2.3
方案（b）	—	—	—	1.5	2	2.9	4	5.3	—
方案（c）	1.4	1.7	2.4	4.1	6.6				

不同载荷条件下的杆中最大应力（对应上表）

	杆径								
	2mm	2.5mm	3mm	4mm	5mm	6mm	7mm	8mm	9mm
方案（a）	—	—	—	—	—	8.20E+07	9.94E+07	1.17E+08	1.35E+08
方案（b）	—	—	—	8.46E+07	1.07E+08	1.37E+08	1.67E+08	1.83E+08	—
方案（c）	7.51E+07	9.09E+07	1.10E+08	1.57E+08	2.09E+08	—	—	—	—

周期性与单元分解：由于 Gyroid 极小曲面是周期性重复的，因此可以用标准单元来生成。但是由于整体结构是根据一个球形体量进行修剪的，所以选择了 16 种（含镜像）类型的单元在最终安装之前进行了预组装。最终的设计是一个双层编织结构，包含 1890 个两杆相交的内部节点和 180 个三维打印的边界节点。

构造分析

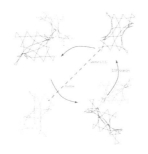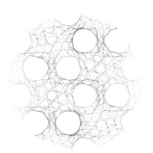

设计生成：编织结构是根据预先设计的给定表面生成的。整个数字生成过程包括实现几何原理的网格优化、生成编织曲线的中点细分和双层编织曲线的生成。

生成过程

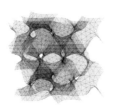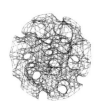

Gyroid极小曲面　　　　直径4m的球体　　　　单层编织结构　　　　多层编织机构

结构变形模拟：在得到编织构件的模型后，项目组对其进行简单的应力和变形模拟分析——采用了动态松弛算法，对杆件在弯曲、加载和约束条件下的变形进行模拟，以验证结构的合理性。

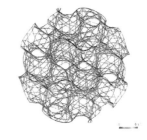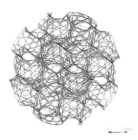

曲率分析　　　　　　　变形分析

预制、运输、装配、拆卸：单元被展平，利用模板进行批量化的制造，同时展平的单元也方便运输。在目的地，单元被快速组装为预制模块，再运输至场地进行总装。随后的拆卸工作也体现了轻量、快速的特点，且允许便捷的恢复重建。

机器人
建构实验

机器人木构搭建项目（A）和机器人热线切割项目（B）是青岛理工大学 DAMlab 数字建构实验室于 2016 年 10 月举办的"机器人建构"国际工作营的教学成果。在项目 A 中，教学团队带领学生，使用 KUKA 工业机器人抓取统一标准的木构件，通过将个体构件精准地放置于空间中的特定位置，完成形态连续变化的整体木构空间的组装，从而探索使用连续化的数字技术进行形态设计，进而实现建筑构筑物的自动组装的可能性。而在项目 B 中，教学团队带领学生，构建了一个连续直纹曲面的构筑物，营造出一种形态复杂、边界模糊、可生长延伸，且可供人们进入的冥想空间。通过将数字生成的形态转化为 KUKA 机器人的加工路径程序，可使用机器人对 EPS 泡沫材料进行精准而连续的三维曲面热线切割，并将制作的三维曲面拼合成一个可无限延伸生长的曲面，从而探索将机器人加工应用于曲线形单体组装的创新性建构工艺。

研究单位：青岛理工大学 DAMlab 数字建构实验室
合作单位：UNStudio、北京市建筑设计研究院
研究时间：2016 年
团队成员：石新羽、万达、图多尔·科斯马图（Tudor Cosmatu）、亚历山大·卡拉乔夫（Alexander Kalachev）、奥尔加·科韦里科瓦（Olga Kovrikova）、韩超、姜卓群、许大伟、周海宁、周驰
摄影：青岛理工大学 DAMLab 数字建构实验室

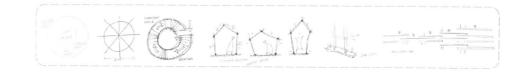

2D-A   2D-B   2D-C   2D-D

3D-A   3D-B   3D-C   3D-D

项目A　木架设计构思

项目A　生形逻辑

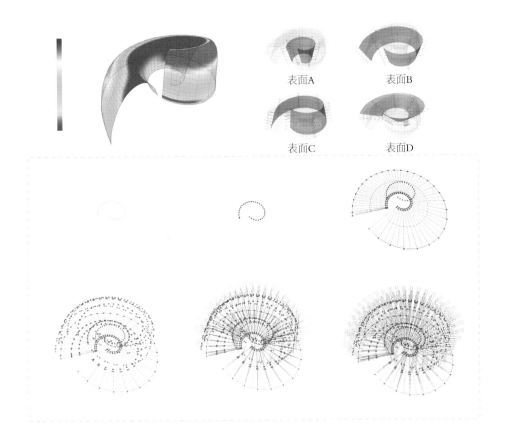

项目A　木架建构单元设计

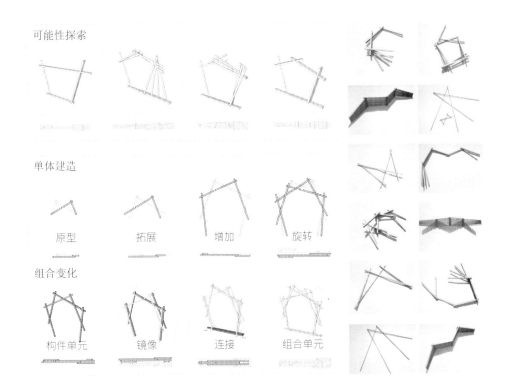

可能性探索

单体建造

原型　　　拓展　　　增加　　　旋转

组合变化

构件单元　　镜像　　　连接　　　组合单元

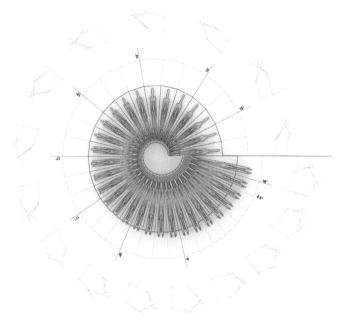

项目A　平面与剖面空间

1 2 3 4

5 6 7 8

机器人程序设定

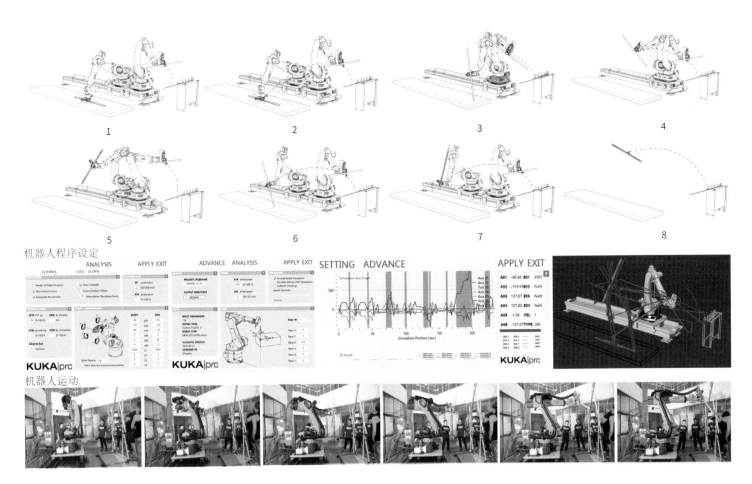

机器人运动

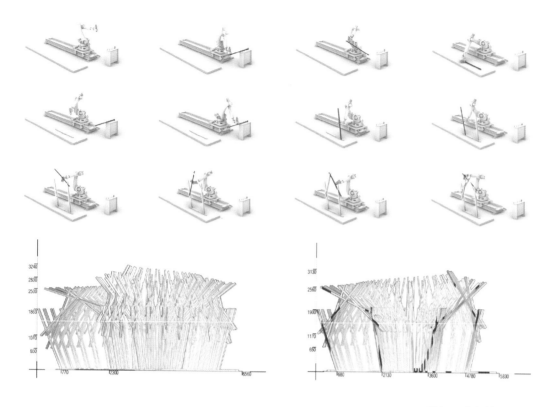

项目A　木架单元建造模拟

项目A　木架单元建造过程

项目B　连续曲面原型研究

项目B　连续曲面空间装置概念

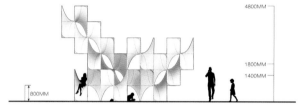

项目B　人体尺度

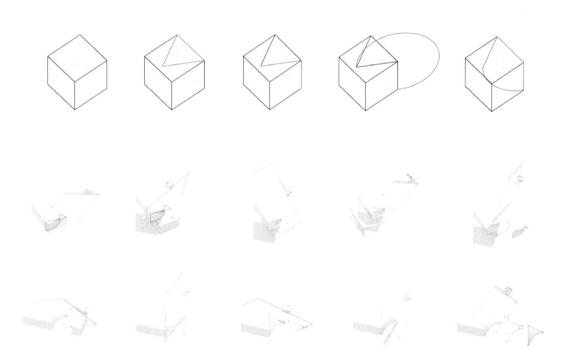

项目B　曲面切割逻辑研究

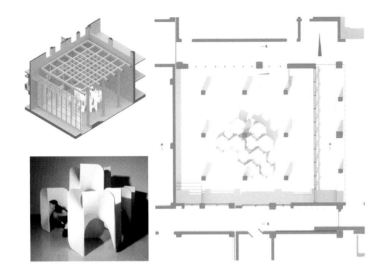

项目B　楼层平面图

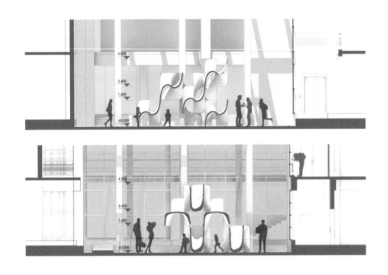

项目B　装置平面与空间效果

项目B　切割成型建造过程

项目B　装置建造效果

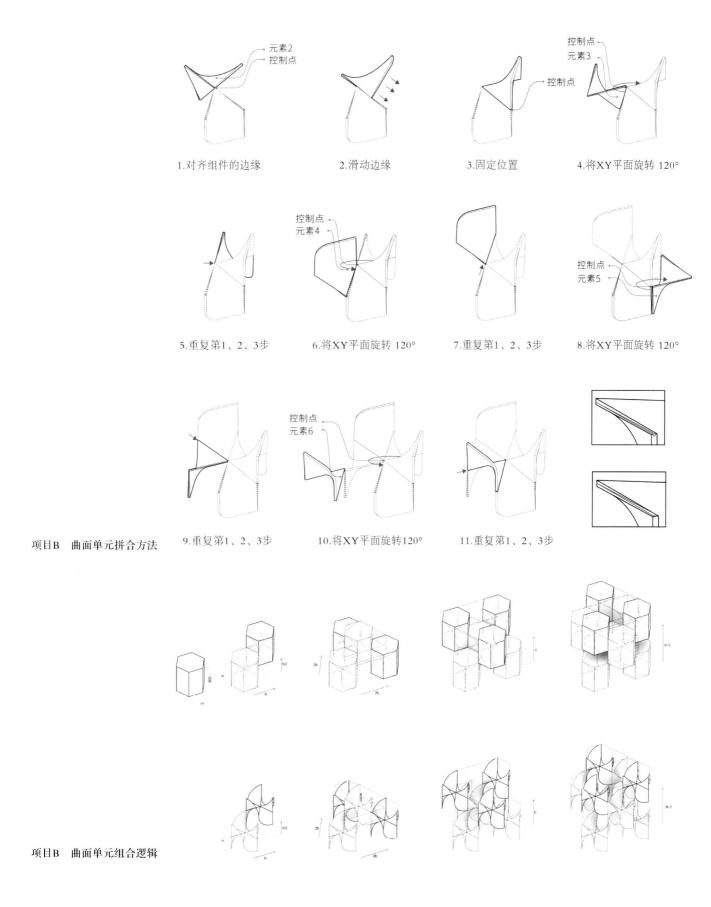

元素2
控制点

控制点
元素3

控制点

1.对齐组件的边缘　　2.滑动边缘　　3.固定位置　　4.将XY平面旋转 120°

控制点
元素4

控制点
元素5

5.重复第1、2、3步　　6.将XY平面旋转 120°　　7.重复第1、2、3步　　8.将XY平面旋转 120°

控制点
元素6

项目B　曲面单元拼合方法　　9.重复第1、2、3步　　10.将XY平面旋转120°　　11.重复第1、2、3步

项目B　曲面单元组合逻辑

竹的材料性运算

数字化工具对形态的模拟，是一种纯粹、单一的计算。当进入使用真实材料进行建造实践的阶段，材料本身的计算化效应往往是项目成功与否的关键。真实材料的各种因素，如节点的构造等，常常会导致数字模拟的变形。在所有的材料中，竹子是计算化效应最明显的材料。该项目选择竹片作为建构材料，通过研究传统技艺中的编织手法，获得一个个变化的单体，进而将单体组合成一个完整的竹制构筑物。

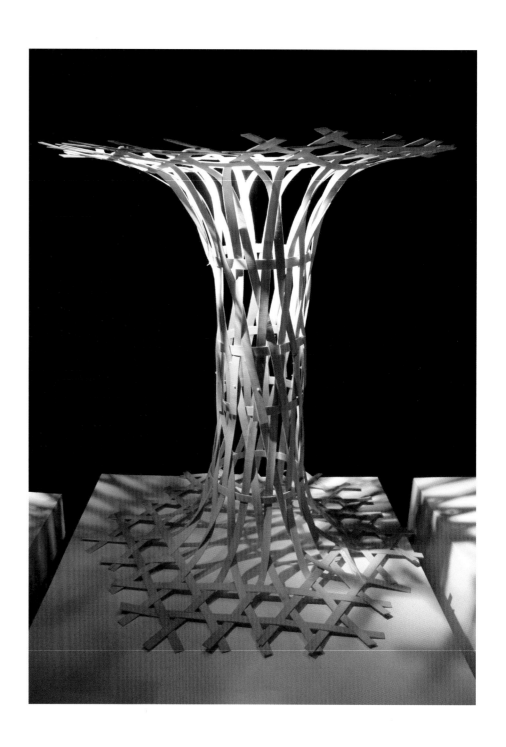

研究单位：华南理工大学建筑学院
研究时间：2016 年
团队成员：宋刚、熊璐、钟冠球、蔡嘉彬、陈宗煌、
庄梓涛、刘佳宁、张向琳、孙文清、罗启明、程思、
张起意、李海妹
摄影：陈宗煌

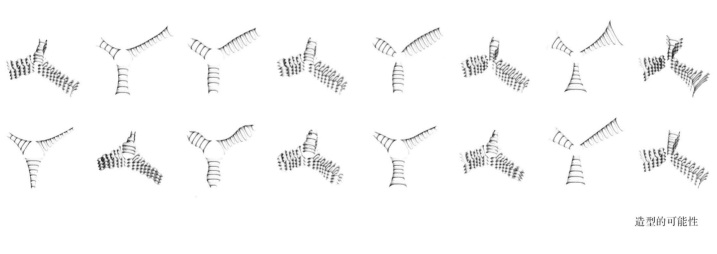

造型的可能性

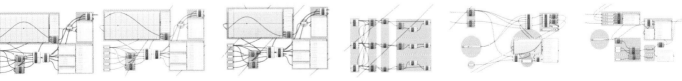

Grasshopper 编程图解

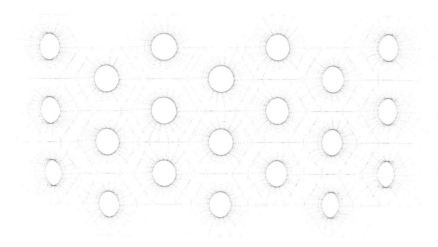 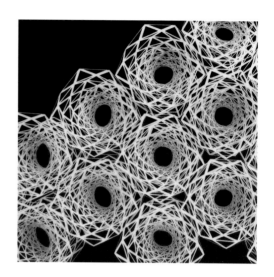

竹的材料性计算

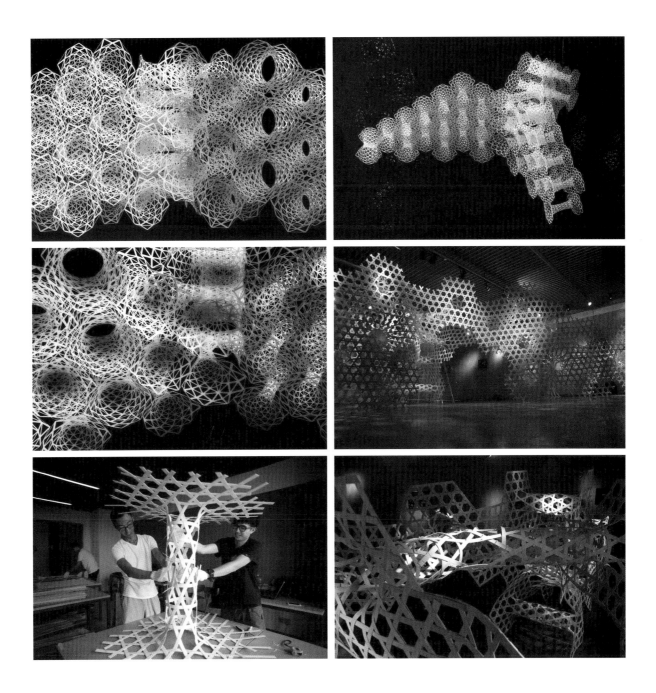

2016 及 2019DAL 数字亭

2016DAL 数字亭

该亭子的设计意图是为庭院增加视觉吸引点以及为师生提供交流空间。设计的灵感来源于中国南方传统格窗——连续的几何形体的重复，同时带来唯美的投影。在建造上，由胶合木片构成六边形的基础模块，而连接节点采用三维打印技术完成。木片的弹性使其可以弯曲近 70°。每一个节点处连接三片三个方向的木片。项目组在设计过程中测试了不同的节点形式以缩短建造时间。最终，这个亭子由 5 个学生在 6 小时之内建造完成。

研究单位：湖南大学 DAL 数字建筑实验室
2016 DAL 数字亭团队成员：胡骉、陈天一、温凯翔、胡冀现、王坤、廖一天
2019 DAL 数字亭团队成员：胡骉、温凯翔、王子菡、王俐珑、邬秋烨、李文鑫、刘佩璇、马潇、王禹淳
摄影：胡骉

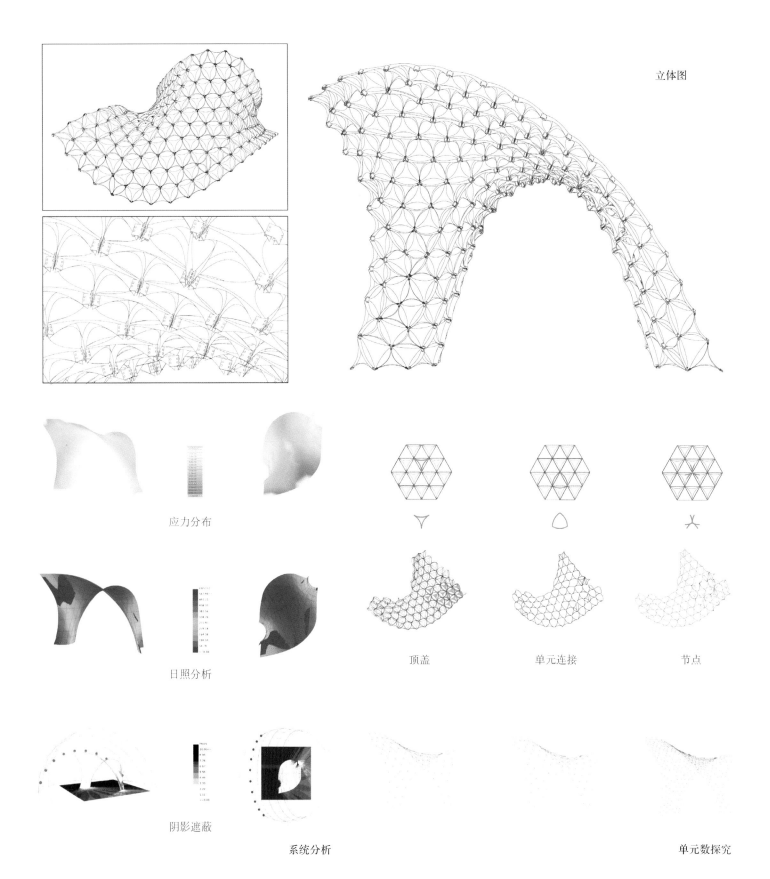

立体图

应力分布

日照分析

阴影遮蔽

顶盖

单元连接

节点

系统分析

单元数探究

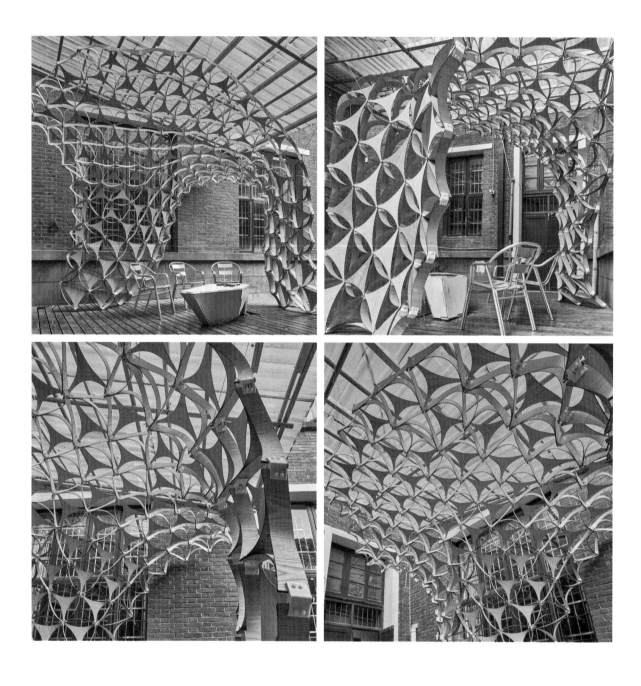

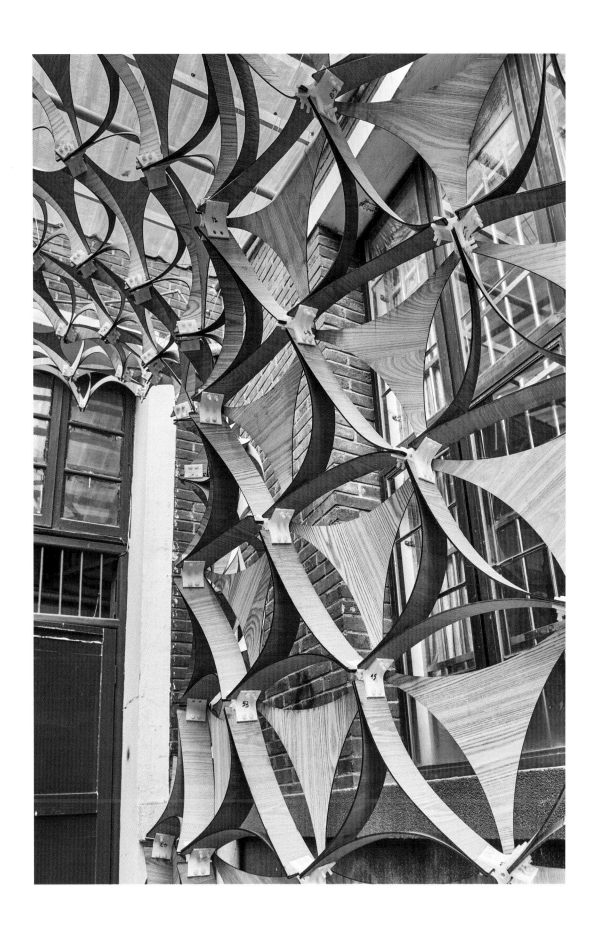

2019DAL 数字亭

与 2016DAL 数字亭相同，该亭子的设计意图是为庭院增加新的视觉吸引点以及为师生提供交流空间。设计的出发点是增加一个半透明的构筑物以遮挡夏季时庭院西面的阳光，从而优化该场所的小气候环境。该亭子采用 2 毫米厚的半透明 PP 板，通过激光切割，进而折叠组成连续的几何形体单元组合，同时带来唯美的投影。项目组在设计过程中测试了不同的节点形式以缩短建造时间。最终，这个亭子由 9 个学生在 12 小时之内搭建完成。

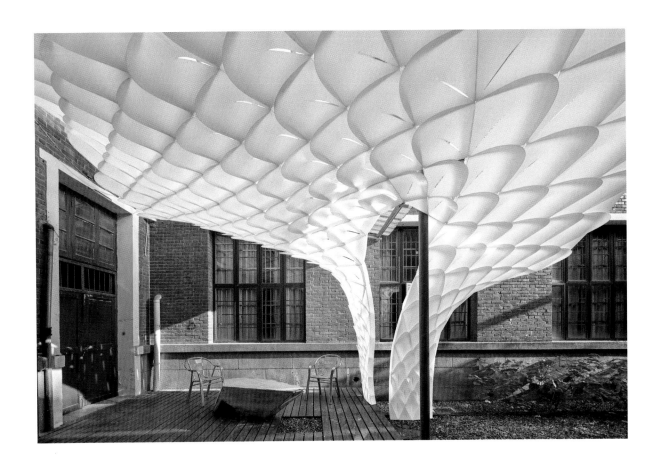

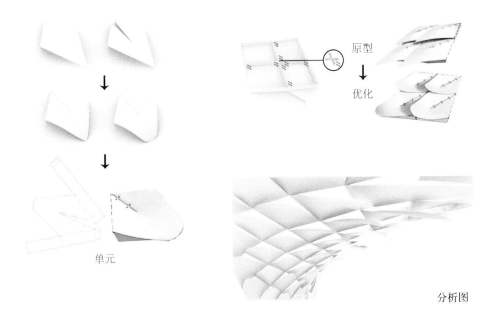

原型

↓

优化

单元

分析图

设计引擎展厅——
设计剧场

本设计的目的是在一个公共展示空间内用流动的表皮围合并重新界定一个以设计交流、研讨和演示为主要用途的室内环境。该流动表皮结构由 600 多个独立金属四边形单元体组成，经过仔细计算以及 1∶1 大样试做，所有单元体之间由 6 毫米不锈钢螺栓连接，整个系统组合为一个整体后，由 40 余根不锈钢拉索固定在楼面结构上。

研究单位：湖南大学建筑学院 DAL 数字建筑实验室
合作单位：湖南大学设计艺术学院
研究时间：2016
团队成员：胡骉、季铁、温凯翔、王坤、张秀丹
摄影：胡骉

构件单元展开图

构件单元三视图及展开图

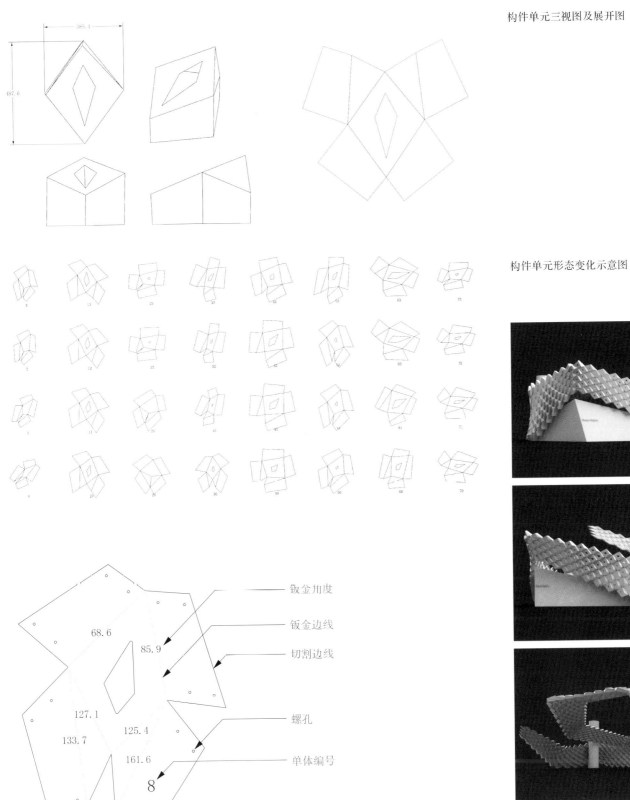

构件单元形态变化示意图

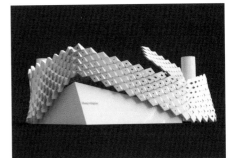

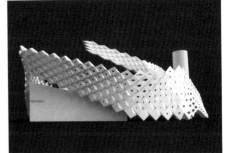

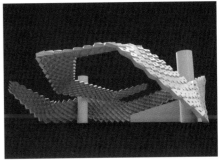

钣金角度

钣金边线

切割边线

螺孔

单体编号

构件单元

设计模型

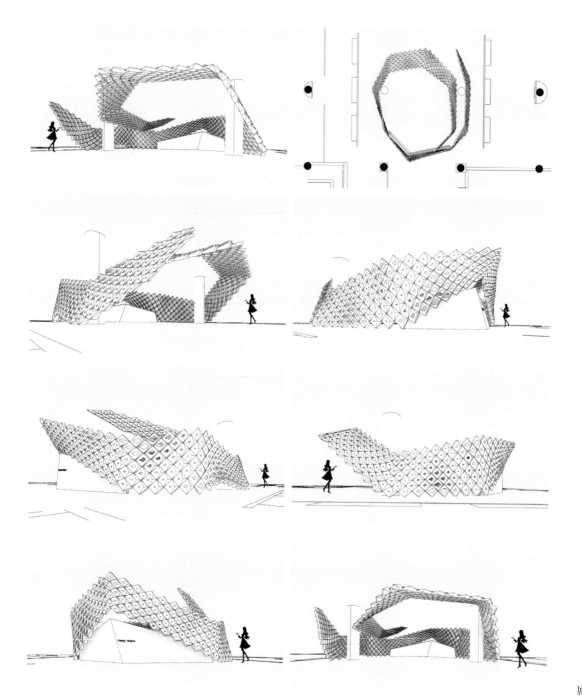

剧场人视图与顶视图

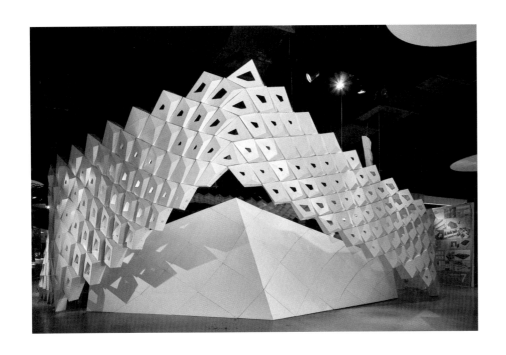

湖南大学子弟小学多功能厅

该设计属于室内改造项目，原多功能厅建筑空间有着"坡屋顶、楼层较高"的特点，这使得改造前的大厅空间显得空旷而又单调，声学环境不佳，针对这样的问题，研究团队着重从以下三个方面展开设计。

这个多功能厅的主要功能包括集会活动、嘉奖表彰、媒体教学等，为了能够充分发挥多功能厅的空间职能，研究团队以满足"建筑声学环境"要求为设计主旨之一，在墙面、天花板设计中使用了能有效改善空间声学性能的吸音材料及构造。

为了呼应现有双坡屋顶的结构，研究团队拿出了与其相符的设计方案：保持管道走线、龙骨以及吊顶与"屋顶"空间走向的一致，以便最大限度地利用原有空间的体积优势，同时通过优化设计为室内保留了尽可能高的空间环境。

在改造后的空间里，研究团队主要采用了深灰色的龙骨、模数化的白色穿孔板吊顶和墙面板，并将 3 种规格的方孔灯进行有机排布，同时隐藏了大多数的空调、灯光设备，如此便在设计语言上形成了简洁、统一的造型元素。项目用坚固轻薄的挂件、素雅的颜色搭配以及特殊设计的空间吸音结构创造了丰富的空间形态。

湖南大学子弟小学多功能厅的室内设计从建筑本体出发，多方面考虑原有建筑空间的特性，在保持原有空间的体积优势下，突破了约定俗成的小学校园建筑室内设计模式，做到材料、设计与功能性的简洁统一，在紧张的工期要求和较低的预算费用约束下，高完成度地实现了本次室内设计的初衷。

研究单位：湖南大学建筑学院 DAL 数字建筑实验室
研究时间：2018 年
团队成员：胡骉、温凯翔、王坤、张秀丹、李卓波、杨子江
摄影：胡骉

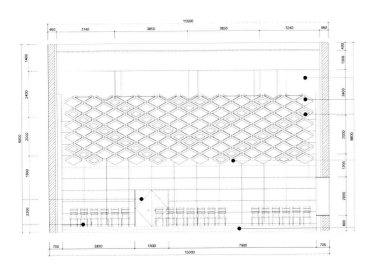

立面图A

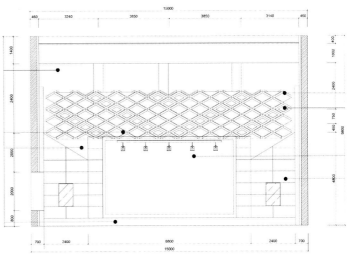

立面图B

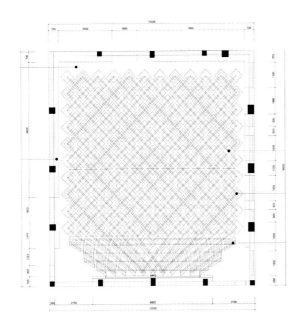

天花板布置图

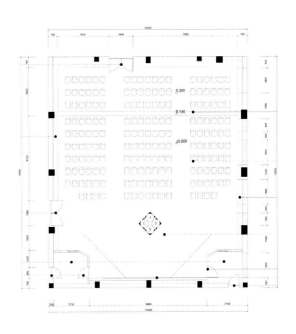

平面布置图

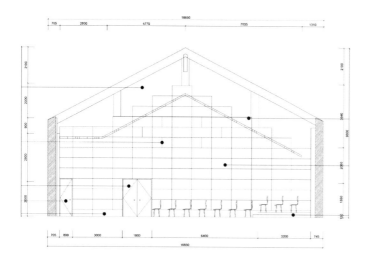

立面图C

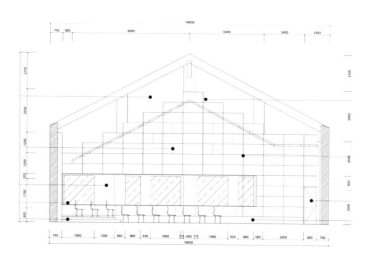

立面图D

巢群

巢群是一种由不规则多面体集群形成的空间镶嵌结构。这种形态借鉴了准晶体的空间结构特征，并在此基础上进行发展，成为互动装置的静态载体。互动装置是人、建筑、环境之间的对话，通过互动系统的设计得以实现，从而赋予静态形体以动态属性。以巢群为载体的互动装置系列先后有五个版本，分别以竹编、纸板、亚克力、三维打印拼接、铝板五种材料和构成方式加以展现，并曾在米兰三年展（2016）、北京国际设计周（2016）、清华大学建筑参数化研习班（2017）、DADA 国际工作坊（2017）中展出。

巢群1.0

该形体以十一面体为基本单元，最大限度地丰富空间镶嵌的可能性；以竹编为单元构成，突出了环保和中国特色（类似于蝈蝈笼子），同时，竹编的材料也便于运输。整个形体采用悬挂的方式，达到一种平衡、匀质的受力状态。内部设置有互动装置，可以感知人的活动并做出回应。

研究单位：XWG 工作室
研究时间：2017 年
团队成员：徐卫国、刘洁、张鹏宇、王靖淞、罗丹、李晓岸、唐宁、孙鹏程、江曦瑞、杜光瑜
摄影：XWG 工作室

巢群2.0

该形体以二十面体、八面体和四面体等为基本组成单元。这些基本单元采用纸板为原材料，通过激光雕刻、喷漆等方式制作而成。其中二十面体具有一种形态，八面体和四面体具有多种形态，以便配合完成空间镶嵌。内部互动装置可以感知外界的活动，发出声音，还可以产生变化的光线。

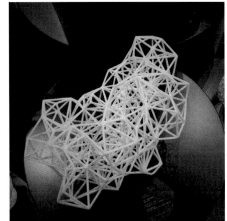 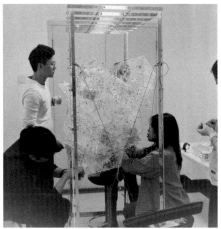

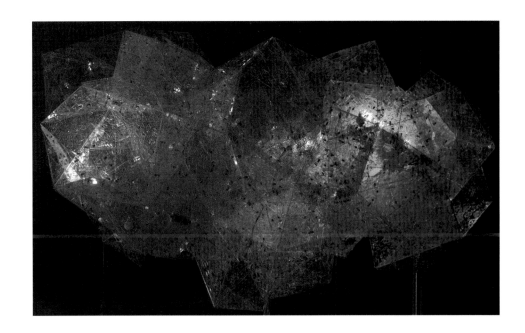

巢群3.0

其形态构成规则与巢群2.0相近，但是材料与
组织方式不同。它采用透明亚克力作为基本
单元材料，面和面之间以透明亚克力片进行
连接固定。互动方式与巢群2.0相近，但是更
突出光线的变化。

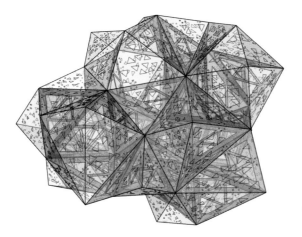

巢群4.0 内部构件透视图

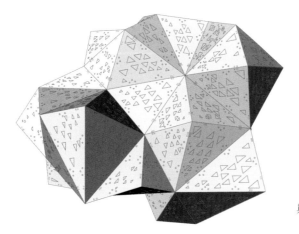

巢群4.0 表面纹理与节点布置图

巢群4.0

其形态构成规则也与巢群2.0相近，但是材料
与组织方式不同。它采用白色亚克力作为基
本单元材料，分为外部展示面板和内部结构
面板两种，面板之间以三维打印构件连接。
互动方式以光线变化为主。

巢群5.0

其形态构成规则与巢群2.0相近，但是以铝板
为主要材料，具有更好的延展性、更小的质
量和更加光洁的表面形态。铝板的组织方式
与纸板相近，同样采用激光雕刻成面，而后
折叠成体，之后体与体拼接出整体形态。

三维打印
混凝土桥

该步行桥全长 26.3 米，宽 3.6 米，是目前全球规模最大的三维打印混凝土步行桥。步行桥借鉴赵州桥，采用单拱结构来承受荷载，拱脚间距 14.4 米。进入实际打印施工之前，项目组对该桥梁进行了 1 ：4 缩尺实材桥梁破坏试验，其强度可满足"站满行人"的荷载要求。

该步行桥的打印运用了研究团队自主开发的混凝土三维打印系统。该系统集成了数字建筑设计技术、打印路径生成技术、操作控制系统、打印机前端技术、新型混凝土材料配方等创新技术，具有稳定性好、打印效率高、成型精度高、可连续工作等特点。该系统在三个方面具有独特的创新性并领先于国内外同行：第一，机器臂前端打印头具有不堵头，且打印出的材料在层叠过程中不塌落的特点；第二，打印路径生成及操作系统将形体设计、打印路径生成、材料泵送、前端运动、机器臂移动等各系统连接为一体，协同工作；第三，独有的打印材料配方具有合理的材料性能及稳定的流变性。

整体桥梁工程的打印使用了两台机器臂三维打印系统，全部混凝土构件历时 450 小时才打印完成。与同等规模的桥梁相比，它的造价只有普通桥梁造价的三分之二，且桥梁主体的打印及施工不需要建筑模板和钢筋，大大节省了工程成本。

步行桥的设计采用三维实体建模。桥栏板的"飘带"造型与桥拱一起构筑出轻盈优雅的体态。桥面板采用脑纹珊瑚的图案，珊瑚纹之间的空隙填充白色细石子，形成中国园林式的路面。

步行桥的桥体由桥拱结构、桥栏板、桥面板三部分组成。桥体结构由 44 块 0.9 米 ×0.9 米 ×1.6 米的混凝土三维打印单元组成。此外，68 个桥栏板单元和 64 个桥面板单元也是打印而成的。这些构件的打印材料均为由聚乙烯纤维混凝土添加多种外加剂组成的复合材料。经过多次配比试验及打印试验，这种材料目前已具有可控的流变性，能够满足打印要求。该新型混凝土材料的抗压强度达到 65 兆帕，抗折强度达到 15 兆帕。

该桥预埋了实时监测系统，包括振弦式应力监控和高精度应变监控系统，可以即时收集桥梁受力及变形状态的数据，对于跟踪研究新型混凝土材料的性能以及打印构件的结构力学性能具有实际作用。

研究单位：清华大学建筑学院 - 中南置地数字建筑联合研究中心
研究时间：2019 年
团队成员：徐卫国、孙晨炜、王智、高远、张智龄、邵长专等
摄影：清华大学建筑学院 - 中南置地数字建筑联合研究中心

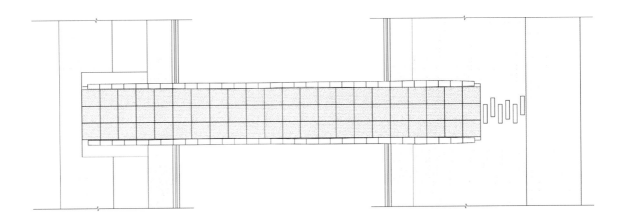

平面图

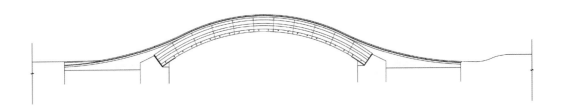

剖面图A-A

剖面图1-1

剖面图2-2

0 1 2   5   10

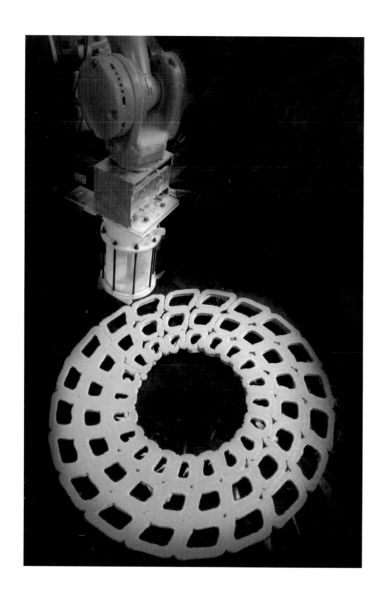

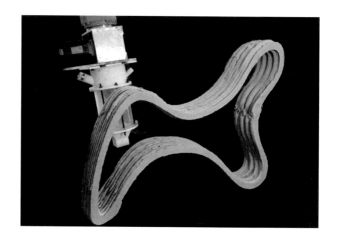

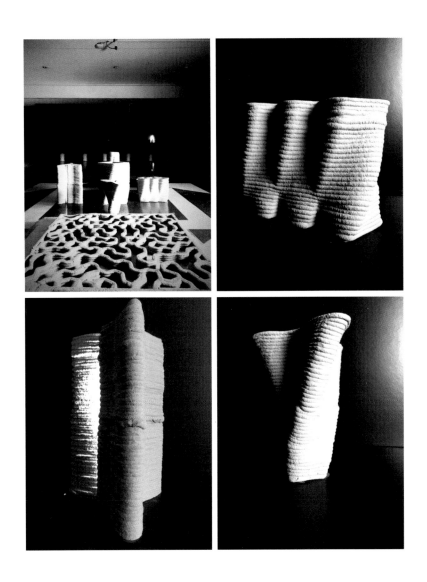

智能建造花园

智能建造花园也被称为砖艺迷宫花园，位于冬奥砖艺小镇武家庄村。低山丘陵与黄土坡地形成了当地独特的风景。由于村子拥有当地唯一的砖厂，近年来武家庄的改造建设大量使用红砖作为建筑及装饰材料，因此武家庄成为张家口市闻名的砖艺小镇。迷宫花园位于武家庄村的村头三角地，花园建成后，成了村民休闲聚集的场所。

迷宫花园的项目用地是一块直径 13 米的圆形基地。基地内三道蜿蜒曲折的砖墙不仅在平面上形成复杂、连续的褶皱空间，而且在竖直方向上也采用曲面形态。此外，砖块的细部砌筑也呈凹凸变化，因而砖墙成为空间及视觉的双重迷宫。三道砖墙沿基地圆边蜿蜒盘绕，其外侧空间用于种植竹子及草皮，而内侧空间则是居民的活动场地。中国传统"阴"和"阳"的相生相对性在这里以复杂的形态呈现。

研究团队发明的机械臂自动砌筑系统与国内外现有的砌砖系统不同，这是首次把机械臂自动砌砖与砂浆打印结合在一起，形成全自动砌砖及三维打印砂浆一体化智能建造系统，也是首次把自动砌筑系统运用于实际施工现场。

自动砌筑系统由机械臂及控制系统、吸砖器（真空吸盘）及气泵控制系统、砂浆打印前端及泵送系统、砖块传送台等构成。该系统改变了抓砖方式，采取由气泵控制的吸砖器吸砖的方法，可以用于砌筑任意形式的砖块排列图形而不至于发生任何碰撞，同时，砂浆打印系统可以更精确地定位涂抹砂浆。该系统的机器臂前端把吸砖器与砂浆打印前端通过一个金属构件复合成一个打印砌筑一体工具头，因而砌砖与砂浆涂抹可以形成连续的工序。

研究单位：清华大学建筑学院 - 中南置地数字建筑联合研究中心
建造单位：清华大学建筑学院 - 中南置地数字建筑联合研究中心
研究时间：2018 年
团队成员：徐卫国、高远、张志龄、孙晨炜、韩冬、林志鹏、罗丹、孙仕轩、程瑜飞
摄影：清华大学建筑学院 - 中南置地数字建筑联合研究中心

砖墙形态生成过程

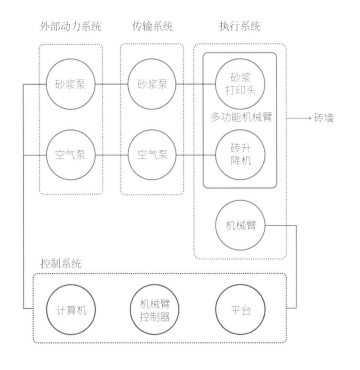

外部动力系统　　传输系统　　执行系统

砂浆泵

空气泵

砂浆泵

空气泵

砂浆
打印头

多功能机械臂 → 砖墙

砖升
降机

机械臂

控制系统

计算机

机械臂
控制器

平台

自动砌筑系统示意图

法兰
电磁阀
连接节点
测距仪

砂浆管
连接接头
真空升降机
砖

打印砌筑一体工具头示意图

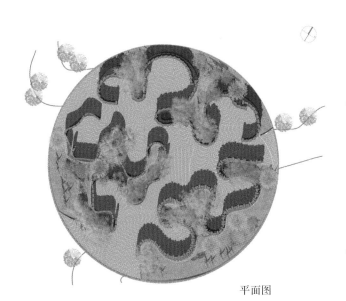

平面图

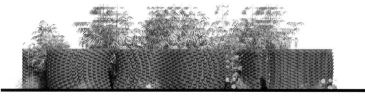

立面图

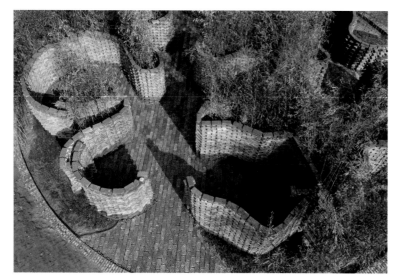

模块化大跨度薄壳穹顶

该项目是应用机械臂制作模块化薄壳的尝试，作为建筑学本科五年级的毕业设计，学生设计并实体建造出 1 ：1 的成果，是一件了不起的事情。项目选址在华南理工大学建筑学院 27 号楼的中庭，这里原有一个直径约 12.5 米的圆形户外座椅空间。项目拟给圆形空间覆盖一个薄壳穹顶，为师生日常休息和交流提供有遮蔽的"灰空间"。

项目选择多边形模块，利用多边形的相互契合形成咬合，使之最终形成薄壳穹顶。穹顶的找形过程为：首先进行多次模拟和运算，然后进行近最优选择，最后再对穹顶的模块单元重新细分及优化，以防止发生 UVW（贴图坐标轴）各轴向滑移。

由于薄壳面积较大，加工的效率成为关键点。通过数次实验，调整刀具半径，优化雕刻路径和方向，项目组在形体精确度和建造效率之间取得了一个平衡。建造方法是先将多个模块单元合并成更大的单元，再进行搭建，搭建过程中用竹子作为临时支撑物。薄壳基本上能比较精确地建造起来，但在一个角部出现了一些误差，造成误差的原因是前期测绘有少许问题。薄壳经历过暴雨和大风的洗礼，仍然安然无恙，六个月后才被拆除。

研究单位：华南理工大学建筑学院
研究时间：2017 年
团队成员：梁恺豪、钟冠球、余光鑫、宋刚
摄影：吴嗣铭、谢光源

50%速度，
雕刻路径偏移420分钟　　　　　30%速度，
雕刻路径偏移428分钟　　　　　30%速度，
雕刻路径偏移618分钟

不同雕刻速度对比

机械臂雕刻刀路对比

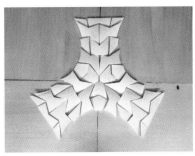   

小型薄壳模型试验

 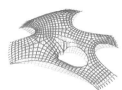 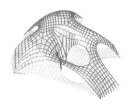 

体块生成过程

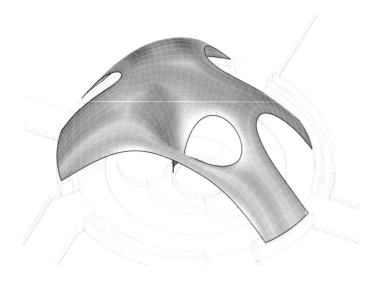

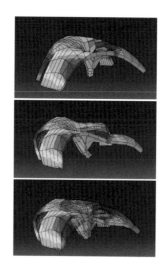

结构受力模拟情况

台风情况下构筑物情况的模拟。因为构筑物在27号楼环形包围圈内，属于风影区，气流情况为紊流，风向为乱风。在以上边界条件下，构筑物主要受升力破坏，体现为一边塌下，一边鼓起。其中几个落脚点与较为封闭的地方受力较大。其破坏临界风压为0.7千帕。

曲面细分与单体生成   结构受力模拟

构件生成与优化（以A构件为例）

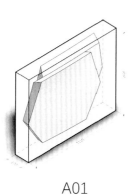

A01

动态规划优化泡沫规格

由于厂家不肯切割200种不同规格的泡沫，因此研究团队把200种规格的泡沫划分为20种规格。

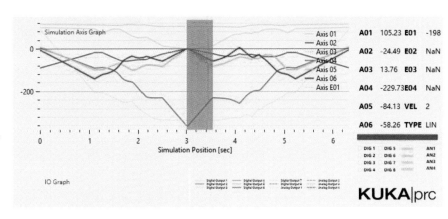

机械臂限位模拟和优化

机械臂单元雕刻过程模拟

红色代表入刀深度超出铣刀最大长度极限，需要进行二次铣削，蓝色代表入刀深度正常

复杂构件的入刀深度模拟

某些构件曲率较大，需要手动调整机械臂入刀姿态，才能避免体积碰撞与机械臂轴限位

复杂构件的机械臂限位模拟

准备装配的单元

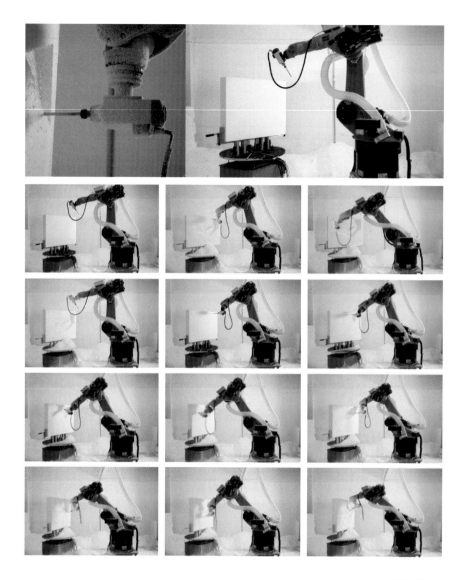

机械臂加工

柔性模具
模块化
混凝土薄壳拱

柔性模具是混凝土实验的一种尝试。柔性模具在未凝固的混凝土压力下会产生形变，使混凝土表面最终呈现曲面形态。本次实验希望用柔性模具制作模块，实现一个 3 米跨度的薄壳拱。在找形阶段，借助 RhinoVAULT 进行轴向受压模拟，得到一个拱顶窄、两侧支撑宽的合理的受力形态。为了降低施工难度，使用 Quad Mesh Planarization 算法，对分面后的拱壳进行平板化操作。每个模块单元的柔性模具以硅胶膜为材料，模具边框使用机械臂制作完成。各个单元通过楔口进行咬合搭接。

在现场建造中，使用三维扫描的方式扫描两侧建筑，得到准确的场地网格模型，再基于扫描模型生成提供拱壳侧向反推力的基础，并通过机械臂加工制作出来。拱壳的搭建需要准确的支撑（脚手架），以此辅助确定每个单元模块的位置。脚手架是通过三轴数控铣床完成的。模块化单元搭建后，撤掉临时支撑拱架，最终完成柔性模具模块化混凝土薄壳拱实验。

研究单位：华南理工大学建筑学院
研究时间：2019 年
团队成员：缪博文、熊璐、朱冠旗、钟冠球
摄影：缪博文

现场拼贴形态生成

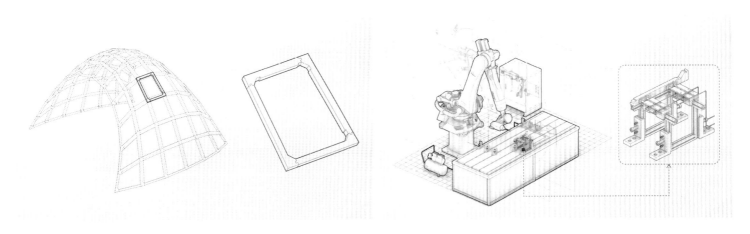

单元模板　　　　　　　　　　　　机械臂加工模拟图

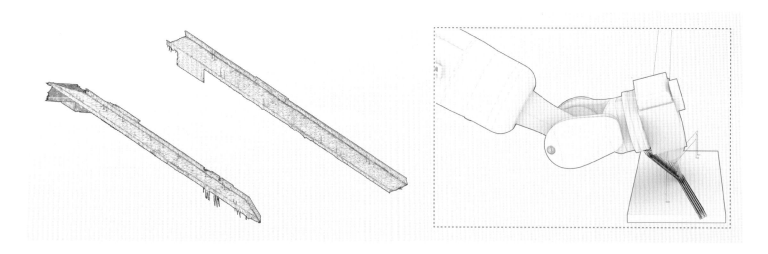

模具轴测图和加工模拟

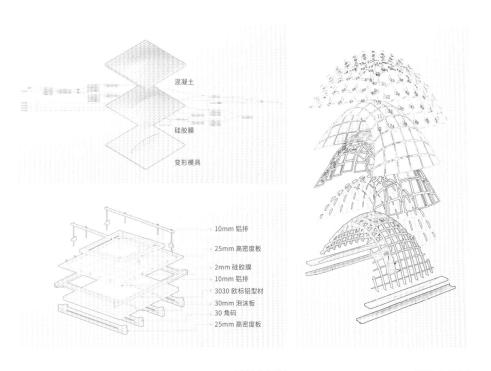

混凝土

硅胶膜

变形模具

10mm 铝排
25mm 高密度板
2mm 硅胶膜
10mm 铝排
3030 欧标铝型材
30mm 泡沫板
30 角码
25mm 高密度板

模具分解图　　　　　　　　模块分解图

建成照片

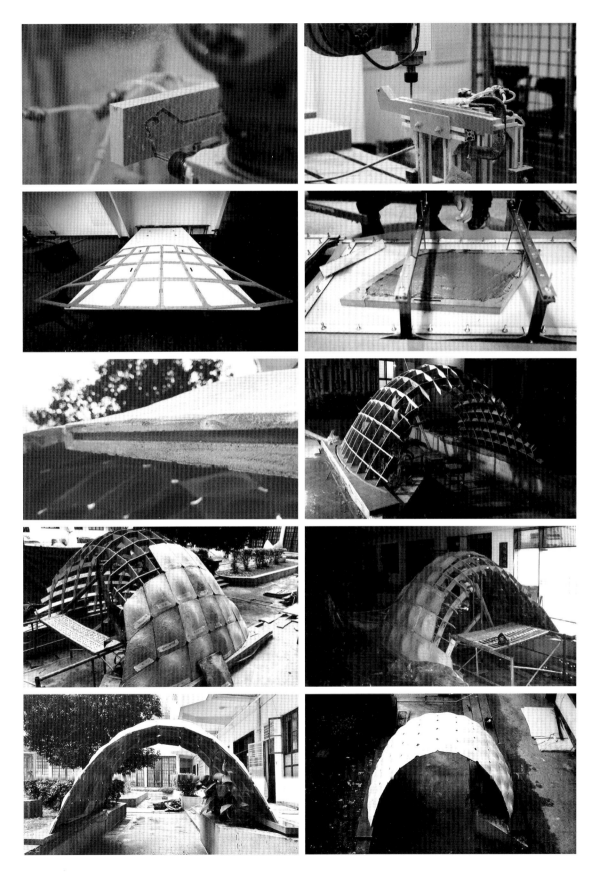

建造过程

云市

"云市"是 2018 威尼斯双年展的参展作品之一，是一个基于机器人改性塑料空间打印技术的实践作品，是在传统设计元素基础上的当代性和未来性建造实验。四个散落的方形通透体量倒置于一个延伸的坡屋顶下，面向中国馆围合出向心的"市集"空间。在设计前期，建筑师借助拓扑结构将顶棚与摊铺连接，并利用梯度下降算法中的节点位移优化策略，深化形体，借此以其物质性的符号化抽象表现，进行对中国乡村"市集"空间的当代表达。

实现建筑尺度下的三维打印建造是这一研究性项目关注的问题。研究团队提出了一种超越层积打印的空间网格化打印技术，并将展厅连续的几何形式转化为离散的组件，通过快速凝结成型的材料在空间中编织出网格结构，在短时间内打印出轻质、大尺度的空间网格结构体，此外，还辅以填充材料和表面处理工艺以实现实体构件的成型。

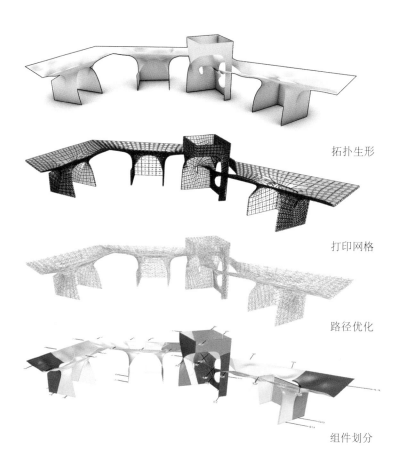

拓扑生形

打印网格

路径优化

组件划分

研究单位：上海一造建筑智能工程有限公司、同济大学数字设计研究中心
研究时间：2018 年
团队成员：袁烽、闫超、张立名、陈哲文
摄影：张立名

云市设计图解

云市的设计运用基于结构性能分析的拓扑优化算法，通过结构性能化技术生成建筑形式，将应力分布转变为网格系统，从而得到变密度的网格形式，并在设计的过程中考虑了网络单元的机器人空间打印的实现。为了保证出挑部分的抗形变能力，研究团队应用节点位移优化方法优化了屋顶几何形态。这种基于梯度下降算法的节点位移优化方法，通过沿法线方向调整网格结构节点的位置来增强曲面本身的整体刚度，使得算法优化后的曲面表面呈现出起伏的形态。经过计算得出，优化设计后的屋顶节点最大位移减少了 45%。

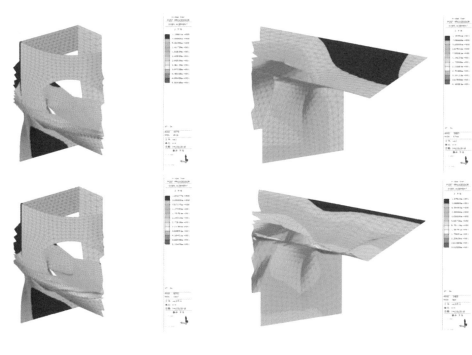

结构优化分析

构件预制化

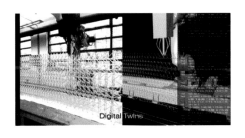

数字孪生与机器人塑料打印

在数字化智能设计和机器人建造技术的支持下，云市结合了结构性能分析技术与改性塑料打印路径优化流程，采用工厂预制化生产与现场装配的建造方式，革命性地提出了一种基于新型材料的数字孪生智能化生产模式。前期的设计造型通过编码转化，可以在电脑里对真实的加工过程进行精准模拟，在工厂打印构件的同时，也能实时得到机械臂的反馈，提高打印精度，节省人力成本。

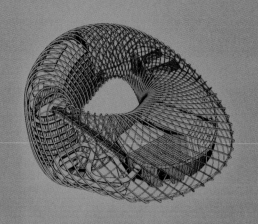

建成案例以实际的建成项目为主，主要展现当下数字技术在建筑实践中的应用成果。本部分共 17 个案例，包括建筑设计、室内设计、景观设计、立面设计及相应建造成果。

其中，数字建筑设计应用在整体建筑中的有牛背山志愿者之家、山顶艺术馆、厦门高崎国际机场 T4 航站楼、佛山艺术村、青岛世界园艺博览会天水和地池服务中心、阿里巴巴展示中心、武家庄接待亭、凤凰国际传媒中心等项目，应用在室内设计中的有西咸新区文创小镇室内设计、万科广场悬浮咖啡厅、Fab-Union 空间等项目，应用在景观设计中的有汤山矿坑公园景观连廊、无限桥、云停等项目，应用在立面设计中的有云夕雪亭、Arachne——三维打印建筑外立面等项目。

建 成 案 例

BUILDING
PRACTICE

西咸新区文创小镇室内设计

设计公司：井敏飞设计工作室
项目地点：陕西省西安市
建成时间：2018 年
场地面积：645.11 平方米
建筑面积：645.11 平方米
建筑高度：6 米
摄影：刘纳、井敏飞

西安市西咸新区作为首个以"创新城市发展方式"为主题的国家级新区，肩负着将西安悠久的历史文化与创新科技结合发展的重任。该项目在展厅内部围绕着文创小镇项目的展示沙盘和户型沙盘设置了两个具有对应关系的曲面造型展台，四周区域为入园企业展示区和艺术品展示区。整体流线组织可分可合，灵活多变。该项目的亮点在于天花板，用富有科技含量和表现力的GRG（玻璃纤维增强石膏）材料打造出的流线型造型，寓意着项目所在区位的渭河右岸支流——沣河。具有未来感的酷炫造型与厚重的历史感相得益彰，也点出了西咸文创小镇所担负的重要责任。一个普通的展厅室内设计，从方案构想到施工图设计，再到加工安装，完成了微型的数据链生产流程。数字技术在整个过程中不仅是建造的工具，也是灵感的来源。

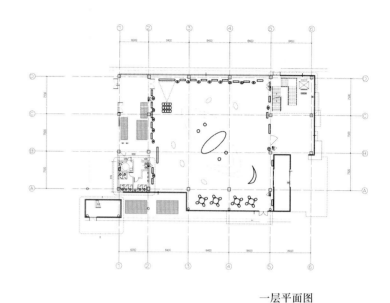

一层平面图

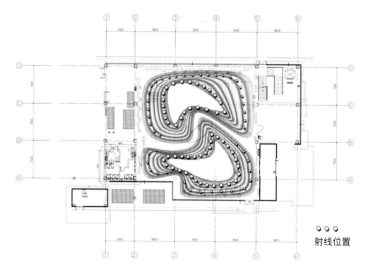

射线位置

吊顶布置图   吊顶示意图

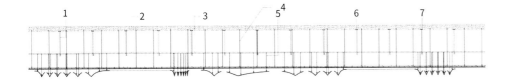

吊顶构造详图1

1　国标8#镀锌槽钢@2000mm
2　国标10#镀锌槽钢@2000mm
3　国标5#镀锌槽钢@2000mm
4　M10镀锌全螺纹丝杆@1000mm
5　M10镀锌丝杆@800mm
6　镀锌预埋钢板150mm×150mm×10mm
7　M8镀锌膨胀螺栓@4只

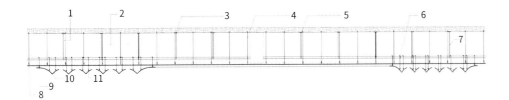

吊顶构造详图2

1　国标8#镀锌槽钢@2000mm
2　国标10#镀锌槽钢@2000mm
3　镀锌预埋钢板150mm×150mm×10mm
4　M10镀锌全螺纹丝杆@1000mm
5　M8镀锌膨胀螺栓@4只
6　M10镀锌丝杆@800mm
7　满焊处理
8　9mm双层纸面石膏板
9　GRG专用镀锌预埋件
10　120mm GRG
11　GRG专用镀锌角码

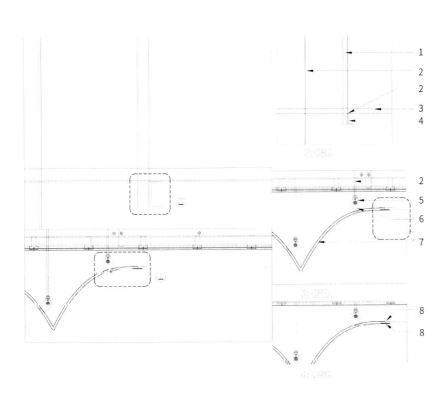

GRG安装节点图

1　国标8#镀锌槽钢
2　M10镀锌全螺纹丝杆
3　国标5#镀锌角钢
4　国标10#镀锌槽钢
5　GRG专用转换角码
6　GRG专用预埋件
7　15mm GRG造型板
8　GRG专用材料补缝

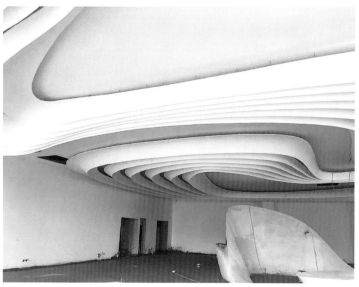

汤山矿坑公园
景观连廊

设计公司：东南大学建筑设计研究院有限公司
建筑运算与应用联合教授工作室
项目地点：江苏省南京市
建成时间：2019 年
场地面积：5931 平方米
建筑面积：293 平方米
建筑高度：6.1 米
摄影：王笑、李鸿渐、胡勇

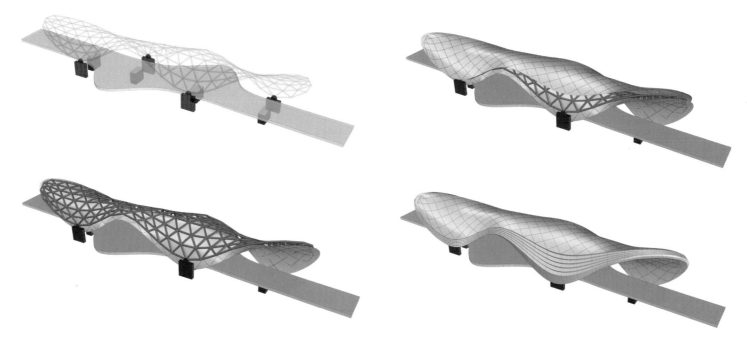

上盖部分构成图示

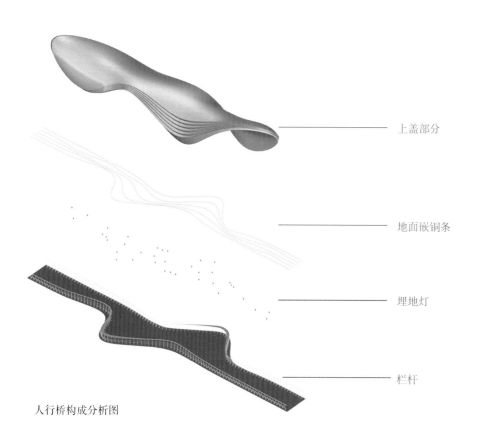

——— 上盖部分

——— 地面嵌铜条

——— 埋地灯

——— 栏杆

人行桥构成分析图

本项目为连接城市与自然景观的景观连廊，是景区主要的人行出入口。它在设计上追求精确细致的非线性造型，探索基于数字技术的设计方法，力求建筑设计与结构设计精确配合，营造出漂浮于水面的外观效果。

人行桥面与上盖部分作为独立的结构体有独立的支撑体。上盖部分为单层钢结构网壳，其格网对应外挂的GRC（玻璃纤维增强混凝土）构件。其造型是基于nurbs曲线设计而成的，由几根关键曲线控制形态曲面，进而进行曲面划分和后续细化。人行桥面为普通钢筋混凝土结构，平面呈不规则的S形，桥面设有基于数字设计生成的流线型光带和基于对自然界动物集群模拟的boid模型生成的不规则点状集中照明设施。桥栏杆也模仿生物结构生成各种不同或渐变的效果。整个桥面结合上盖的形体形成的孔洞，引导游人在室内外空间穿行，可以体验洞穴般的空间效果，也可以欣赏沿河的亲水景观。

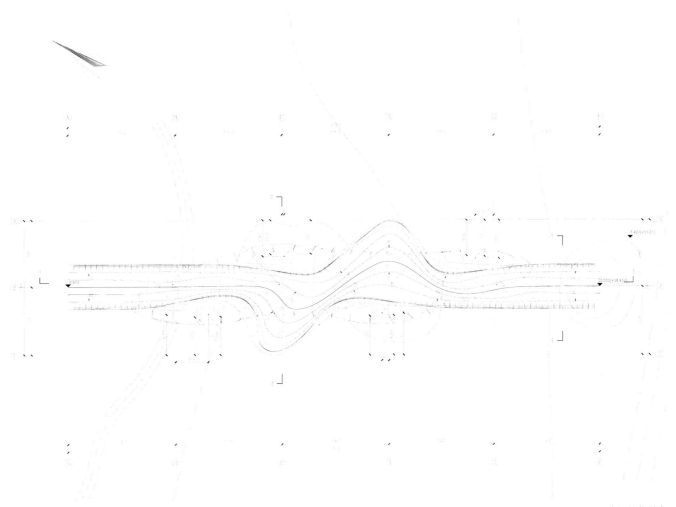

桥面平面图

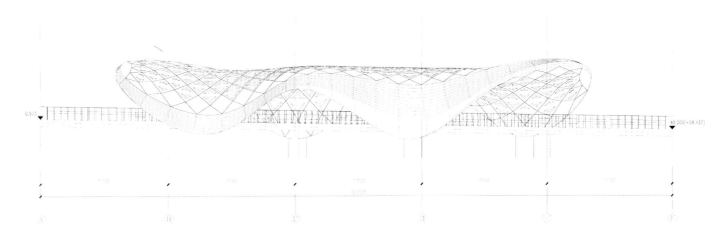

西立面图

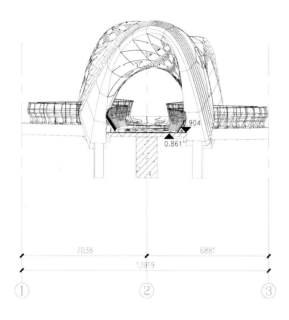

剖面图 1-1

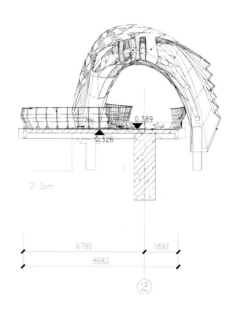

剖面图 2-2

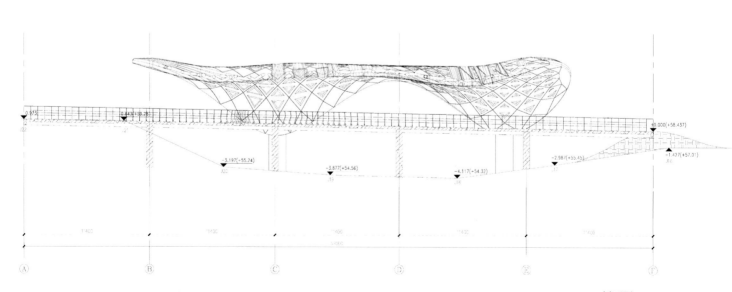

剖面图 3-3

牛背山志愿者之家

设计公司：dEEP 建筑事务所
项目地点：四川省泸定县
建成时间：2014 年
场地面积：120 平方米
建筑面积：300 平方米
建筑高度：8.5 米
摄影：dEEP 建筑事务所

该项目是一个公益设施，是为一群年轻的志愿者们在大山里改造而成的一座房子。改造前的房子是一座传统的破旧民居，木结构、坡屋顶，瓦已损坏，门前有一个被当地人叫作"坝子"的平台，平台上的首层空间被厚重的墙体分隔成几个昏暗的小房间，屋顶阁楼已破旧不堪，没有厕所和厨房。在坝子的南侧有一个后期加建的砖房，与环境极不协调且不抗震。我们的改造策略是在完善基本使用功能的前提下，让这个建筑更具有开放性与公共性，可以为更多的人群服务，在建筑空间与结构上创新的同时，又不丢掉中国传统建筑的记忆与灵魂，使其与村落、环境融为一体。

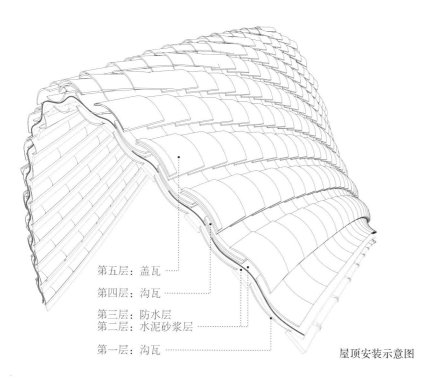

第五层：盖瓦
第四层：沟瓦
第三层：防水层
第二层：水泥砂浆层
第一层：沟瓦

屋顶安装示意图

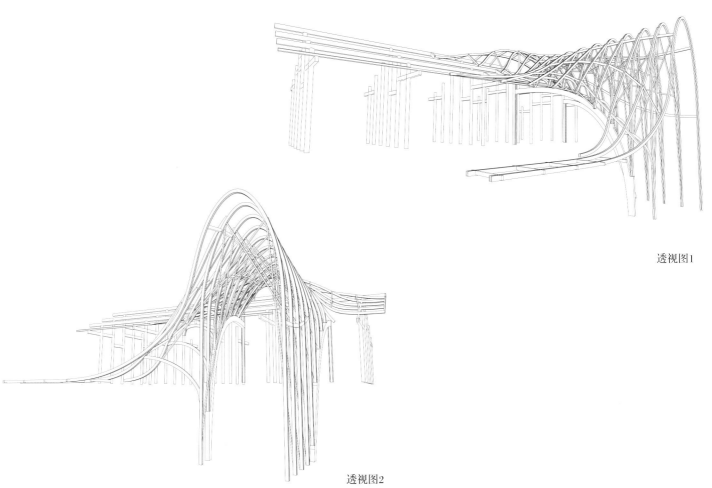

透视图1

透视图2

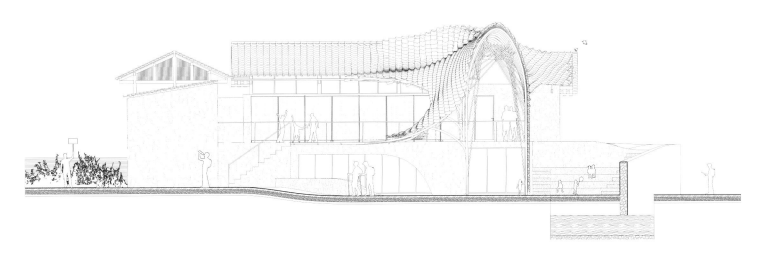

南立面图

改造后，设计师保留并加固了一层内部的木结构，拆除了面向坝子的厚重墙体以及内部隔墙，使一层完全开放，成为最重要的公共空间，可提供阅览室、酒吧、会议室等多种功能。重新设计的钢网架玻璃门，可以储存木柴，在完全打开的时候，能将室内外融为一体。坝子北侧的破旧猪圈被拆除，保留了木结构和坡屋顶，加建了围墙以及排污设施，被改造为厨房、淋浴间以及卫生间。此外，设计师还拆除了坝子南侧后建的砖房，还原了坝子原本的空间，并加建了一个木结构，顶部覆瓦，可遮风挡雨，增大了坝子使用率的同时，也形成了一个独特的观景平台。

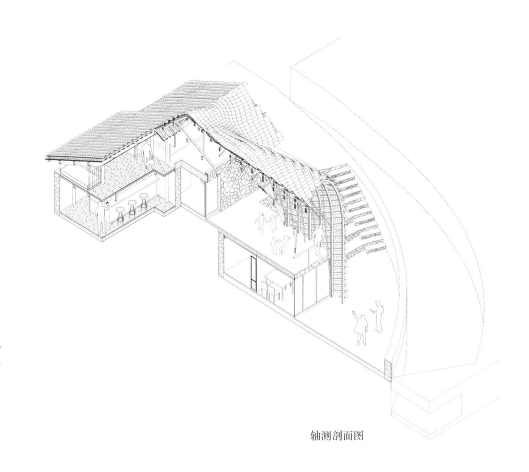

轴测剖面图

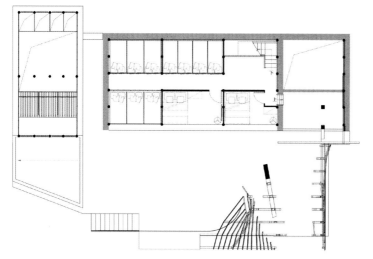

三层平面图

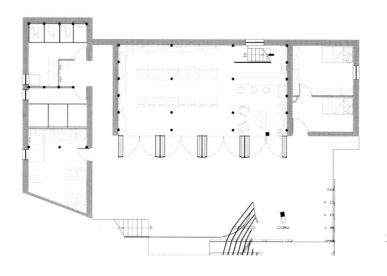

二层平面图

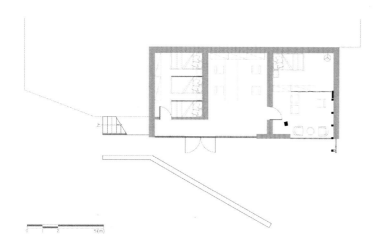

一层平面图

在这个项目中，设计师尽可能地用当地村民作为主要劳动力，采用最常见、最基本的建筑材料和传统的搭建方式。在加建的构筑部分，设计师采用了数字化设计方法与生成逻辑。面对主屋，人们可以看到建筑从左至右，逐渐由传统转变到现代，再到对未来的探索。由此，一个和背后大山、云海相呼应的有机形态的屋顶呈现了出来。其内部看似是传统的木结构，但其实是一种数字化的全新表现。这里所采用的材料是用四川本地盛产的慈竹提炼而成的新型竹基纤维复合材料，具有强度高、耐潮湿、阻燃等特性，可循环再生，低碳环保。但对这种异形结构的加工，供应商也是首次尝试，他们按照建筑师的模型和图纸，采用工厂预制与现场手工相结合的方式完成了制作。

山顶艺术馆

设计公司：dEEP 建筑事务所
项目地点：河北省滦平县
建成时间：2018 年
场地面积：1500 平方米
建筑面积：2600 平方米
建筑高度：19 米
摄影：曹百强、周莉、dEEP 建筑事务所

透视图1

山顶艺术馆与中国古典建筑元素的对比

透视图2

"势"的解析

凤凰谷山顶艺术馆位于北京和承德交界处的燕山山脉之上，在这里可以远眺金山岭长城。除了作为美术馆展示艺术作品及承接相关文化活动之外，艺术馆也承担着凤凰谷整体开发项目的接待与展示功能。

凤凰谷山顶艺术馆的设计与建造，是设计师对数字建筑在中国本土语境下的呈现方式的一次探索。它在形态上寄托了设计师对中国古典精神的思考和延展，着力打造"势"这一概念。"势"是古人对客观事物的一种感性而抽象的理解方式，涵盖了事物在时间和空间上的演进。用建筑的形态去继承和演绎"势"，依山就势，顺势而为，如此产生一个与群山相得益彰的形体，反映周遭连绵的山势和自然形态，使两者融为一体。

由微微抬起的入口进入艺术馆，首层为主要展览区域，视线通透，南北均可观远山美景。沿一条飘带状的阶梯而下至底层，这里三层通高的空间组成了大尺度艺术品展览需要的大厅。底层的最东侧已深入山体，因此在这里设置了不需要采光的多媒体互动空间及影音厅。在底层的北侧可观松林和远山的区域则是艺术馆的咖啡厅，并有室外的平台可供观景。在此处也有一条盘旋的楼梯贯穿整个建筑，可直达顶层。顶层作为VIP客人的接待空间，包括茶室、宴会区等区域，根据功能需求，空间尺度变化丰富。顶层的西侧有一个混凝土的方形体量，作为连接室内外的入山，从此处可通过屋顶栈道直接到达山顶，或翻越屋顶，到达建筑东侧的室外平台，连通整个顶层的室内外空间。

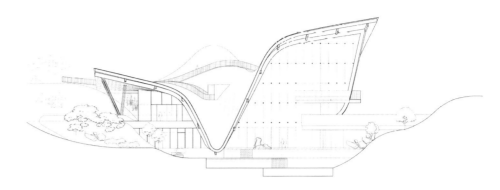

南立面图

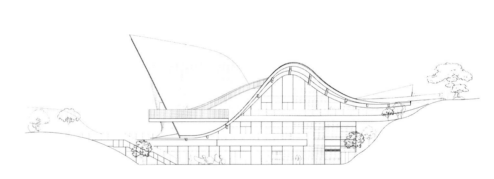

北立面图

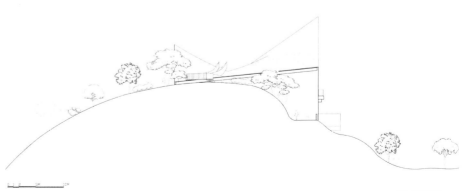

西立面图

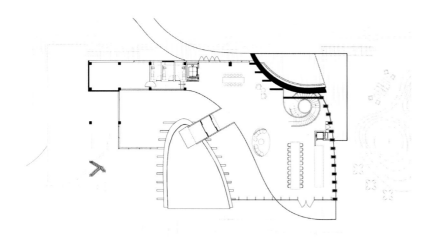

二层平面图

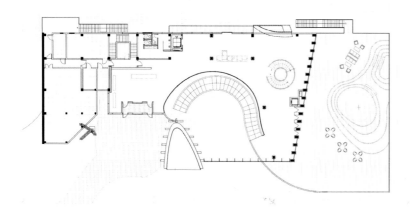

首层平面图

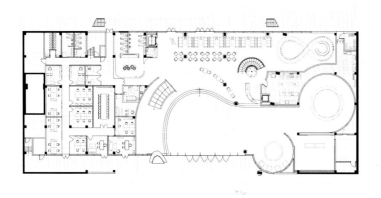

底层平面图

这组栈道将起伏的屋顶与自然山地联系起来，模糊了自然与人工的界限，同时也象征性地呼应了与建筑遥遥相望的金山岭古长城在山上的蜿蜒形态。

除了美学上的考虑，屋顶形态的设计还经过雨水分析模拟与风洞试验，以及力学数字模型和实体模型的推敲。数字技术同样被应用于施工阶段，例如，让建筑主体的17根复杂的曲线钢梁得以精确加工和组装，保持屋面形态，同时使大量异形建筑组件的精确加工和安装成为可能。但在现代化的钢材和玻璃之外，设计还应用了很多富有传统气息的材料，如竹材、木材，以及以传统方法烧制的陶瓦，将建筑的整体氛围与中国古典风格联系起来。

厦门高崎国际机场
T4 航站楼

设计公司：中国民航机场建设集团有限公司、
厦门合立道工程设计集团股份有限公司
项目地点：福建省厦门市
建成时间：2014 年
场地面积：283 699 平方米
建筑面积：100 000 平方米
建筑高度：45 米
摄影：林秋达、刘典典、孙爱国

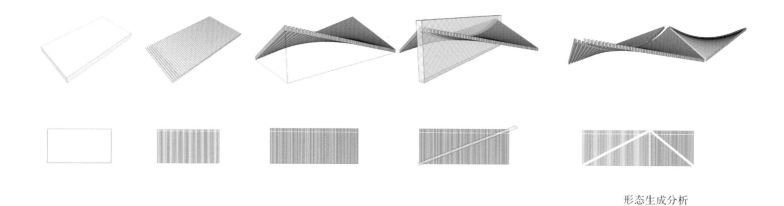

形态生成分析

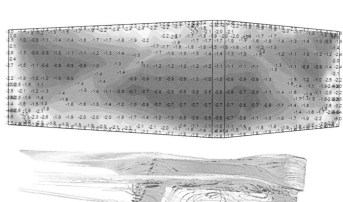

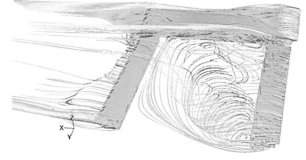

数字风洞实验

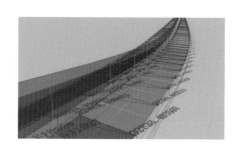

屋面天窗优化：
参数化软件定位

厦门高崎国际机场T3航站楼（1996年）将闽南燕尾脊简化为混凝土结构的现代燕尾脊，成为厦门机场的经典标志和城市发展的独特记忆。尽管相差了近20年，T4航站楼却与T3航站楼整体十分协调，既融合了闽南地方建筑特色，又展现了新时代的技术水平和审美标准。

T4航站楼将中国传统木建筑的屋顶架构进行提炼、简化，形成具有韵律感的双曲线屋面，运用不同的组合方式再现了闽南建筑特有的起翘屋顶形式，重新构架出一种在空间意象上具有中国传统屋顶形象，却不与传统完全一致的全新建筑形象，兼具地域性、整体性及时代性，与T3航站楼遥相呼应，神似却不雷同，含蓄地体现了文脉的传承和现代建筑的风格。

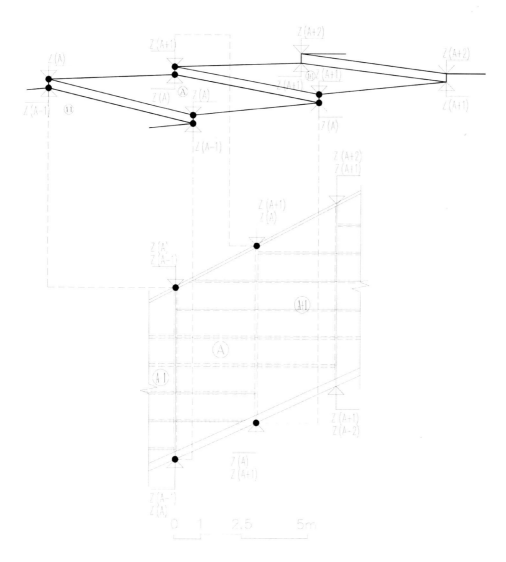

天窗大样平面定位示意图

由于T4航站楼体型的特殊性，设计团队在设计阶段进行了两次物理风洞试验，以确定结构体型系数。然后，在物理风洞试验基础上，又针对装饰性檩条进行了数字风洞试验，以确定不同区域装饰性檩条的风压荷载状况，作为对局部装饰性檩条夹具进行密集布置的依据。

在设计深化阶段和施工图设计阶段，设计团队使用了Autodesk Revit软件与Grasshopper插件等建筑信息模型和参数化设计工具来实现对T4航站楼的复杂造型部分的精确定位，并通过两种不同软件的独立操作和数据对照来确保数据的准确性。例如，为了验证施工图中交点坐标的准确性，所有屋面天窗玻璃板块的定位坐标点都是从Revit平板玻璃幕墙的四个角点中提取并且输入Excel表格的，再通过Grasshopper软件对Excel表格中的交点数据重新建模进行校验。

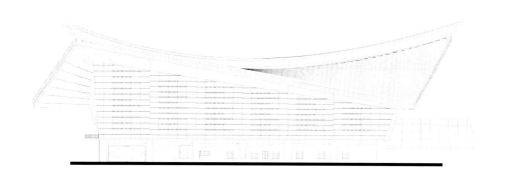

东立面图

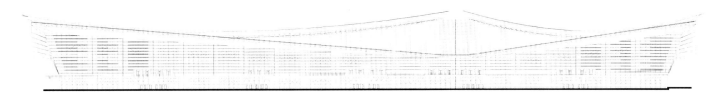

南立面图

北立面图

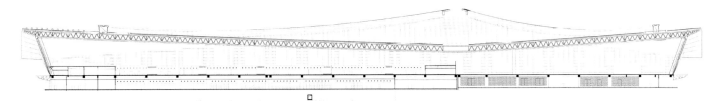

剖面图1

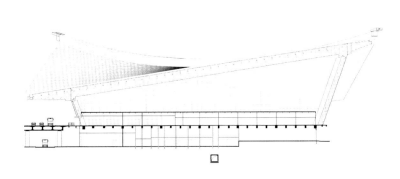

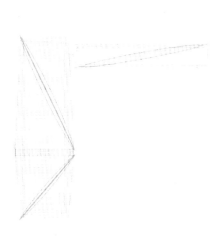

剖面图2　　　　　　　　　　　　　　　　　　　　　　　屋顶平面图

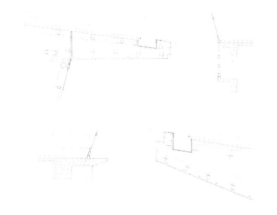

详图1

详图2

凤凰国际传媒中心

设计公司：北京市建筑设计研究院有限公司方案创作工作室
项目地点：北京市朝阳区
建成时间：2013 年
场地面积：18 822 平方米
建筑面积：72 478 平方米
（地上面积：38 293 平方米；地下面积：34 185 平方米）
建筑高度：55 米
摄影：傅兴

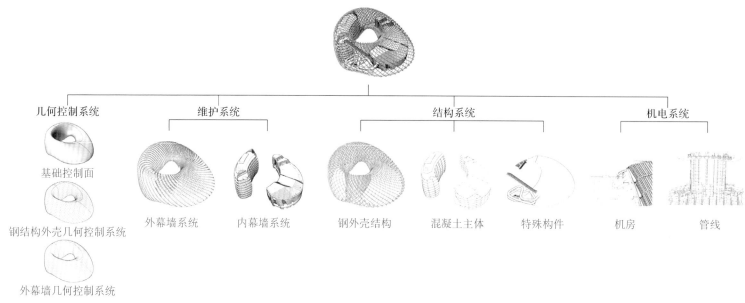

几何控制系统　　　　维护系统　　　　　　　结构系统　　　　　　机电系统

基础控制面　　　外幕墙系统　　内幕墙系统　　钢外壳结构　　混凝土主体　　特殊构件　　机房　　　管线

钢结构外壳几何控制系统

外幕墙几何控制系统

系统分析图

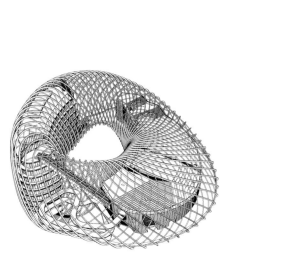

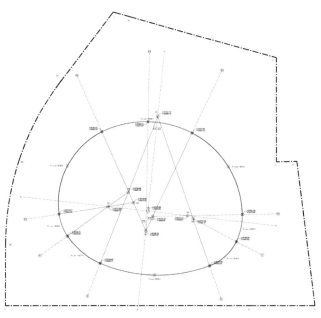

建筑系统示意图　　　　　　　　　　　　　　　　　　　　　日照分析图

凤凰国际传媒中心项目位于北京市朝阳公园西南角。除媒体办公和演播制作功能之外，建筑安排了大量对公众开放的互动体验空间，以体现凤凰传媒独特的开放式经营理念。建筑的整体设计逻辑是用一个具有生态功能的外壳将一栋独立塔楼的空间包裹在里面，体现"楼中楼"的概念，并使两者之间形成许多共享空间。在东、西两个共享空间内，连续的台阶、景观平台、空中环廊和从底层直通顶层的自动扶梯，使得整个建筑充满着动感和活力。建筑造型的灵感来源于"莫比乌斯环"。这一造型与不规则的道路方向、场地所处的转角位置，以及朝阳公园，形成了和谐的关系。

连续的整体感、柔和的建筑界面和表皮，体现了凤凰传媒的企业文化形象的拓扑关系，而南高北低的体量关系，既为办公空间创造了良好的日照、通风、景观条件，避免了演播空间的光照与噪声问题，又巧妙地避免了对北侧居民住宅的日照遮挡，是一个一举两得的设计。

佛山艺术村

设计公司：广州市竖梁社建筑设计有限公司

项目地点：广东省佛山市

建成时间：2013 年

场地面积：41 000 平方米

建筑面积：3 500 平方米

建筑高度：13 米

摄影：钟冠球

佛山艺术村的项目定位是成为佛山创意文
化的创造力原核，为佛山的文化旅游、教
育与宣传，以及非物质文化遗产的传承提
供场所。

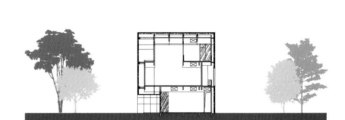

C3栋立面图

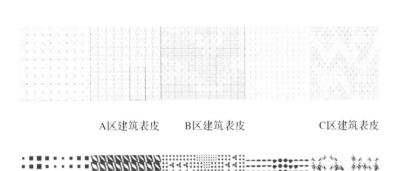

A区建筑表皮　　B区建筑表皮　　　　C区建筑表皮

图底关系

C3栋剖面图

由于所有的建筑体量都被限定为盒式建筑，因此设计团队将设计的着眼点放在了打造建筑表皮上。设计团队根据佛山本地的一些艺术作品，抽取出一些具有特色的艺术符号，采用参数化工具，进行新的演绎。演绎出的各种不同图案，根据日照、空间使用等要求，进行相应的选择，最终形成富有变化的表皮。这些表皮就如同建筑的表情，增加了艺术村的艺术特色。在生成表皮的过程中，设计师非常注意表皮本身形成的体积感，通过表皮的凹凸形态，完成了从二维表皮向三维体量的转化。

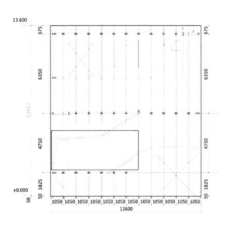

龙骨层

表皮单元形态

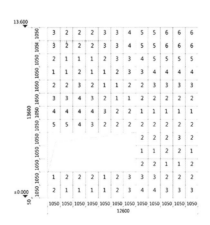

编号层

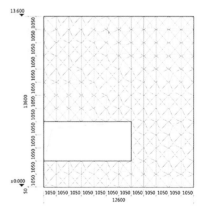

表皮层

C1栋里面龙骨及支撑布置图

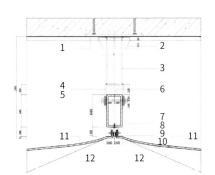

平直段幕墙细部（横剖面）

1 镀锌预埋件
2 6mm厚加劲板
3 160mm×80mm×8mm镀锌钢管支撑
4 8mm厚镀锌钢角码
5 M12×130不锈钢螺栓组
6 160mm×80mm×8mm镀锌钢管立柱
7 ST16.3×25十字槽自钻自攻螺钉@500
8 3mm厚角铝挂件
9 M6×20不锈钢预埋链接螺栓@500
10 3mm厚预埋加强钢板
11 8mm厚玻璃钢
12 8mm厚玻璃钢看面

转角位置（横剖面）

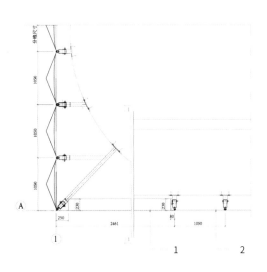

1 8mm厚玻璃钢看面
2 8mm厚玻璃钢
3 2M12×130不锈钢螺栓组
4 8mm镀锌钢角码
5 160mm×80mm×8mm镀锌
   钢管立柱
6 ST6.3×25十字槽自钻自攻
   螺钉@500
7 M6×20不锈钢预埋连接螺
   栓@500
8 3mm厚预埋加强钢板
9 3mm厚角铝挂件
10 塞缝胶条
11 160mm×80mm×8mm镀
   锌钢管支撑

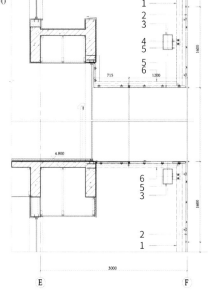

幕墙墙身大样

1 120mm×60mm×6mm
   镀锌钢管立柱
2 5mm厚造型装饰铝板
3 300mm×200mm×10mm
   钢矩通横梁
4 6mm厚角钢码
5 2.5mm厚封边铝板
6 80mm×40mm×4mm镀
   锌钢通

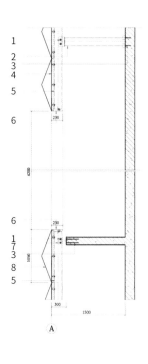

边沿段（横剖）

1 2.5mm厚封边铝板
2 8mm厚玻璃钢

幕墙墙身大样

1 M12×130不锈钢螺栓组
2 160mm×80mm×8mm镀锌支撑钢管
3 预埋件
4 8mm厚玻璃钢
5 160mm×8mm×8mm镀锌钢管立柱
6 2.5mm厚封边铝板
7 8mm镀锌钢角码
8 8mm厚玻璃钢造型看面

确定建筑表皮设计后，表皮的建造就成了考虑的重点。由于表皮采用简单的纵横龙骨结构，因此设计团队把表皮进行划分，根据龙骨的尺寸确定表皮的组件大小。对划分后的表皮再进行简化，以最复杂的表皮为例，最终可以简化为5种标准模块。确定标准模块后，加工工厂根据材料的加工工艺进行制造。表皮的材料按照具体位置的不同，或采用金属，或采用玻璃钢。对于采用金属的表皮模块，先根据平面造型雕刻出花纹，再通过弯折加工成板材。完成后，将板材进行标号，运到施工现场安装即可。

建筑表皮最终形成的特殊效果是一种由数字手段体现的本地艺术内涵。建筑周围的景观营造则通过岭南的植被以及数字几何的形态控制，形成了富有特色的新岭南景观。

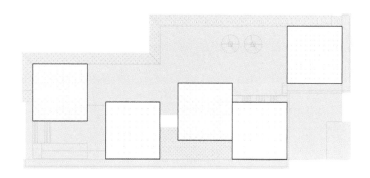

A栋总平面图

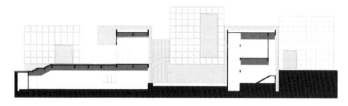

剖面图1-1

青岛世界园艺博览会
天水和地池服务中心

设计公司：HHD_FUN 建筑事务所
项目地点：山东省青岛市
建成时间：2014 年
场地面积：23 000 平方米（天水），37 900 平方米（地池）
建筑面积：6539 平方米（天水），8276 平方米（地池）
建筑高度：10 米（天水），9 米（地池）
摄影：济南多彩、王振飞

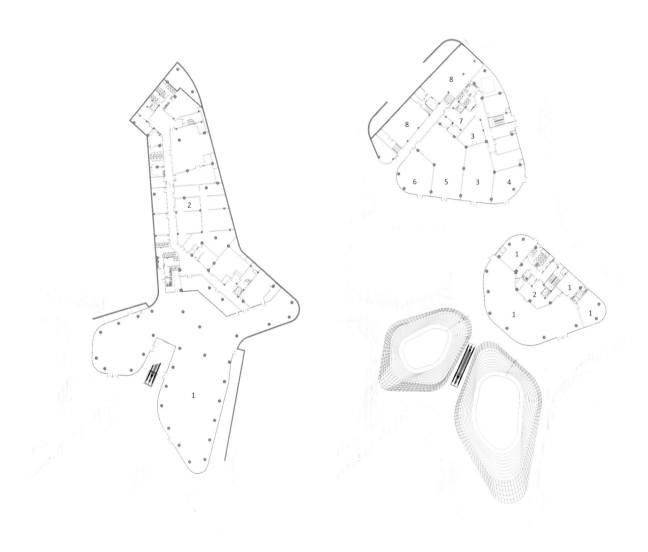

天水服务中心平面图

1 餐饮区
2 后勤区
3 超市
4 游客信息中心
5 纪念品商店
6 医疗室
7 办公区
8 设备区

"大水"和"地池"是青岛世界园艺博览会园区所在地百果山上的两个湖泊，天水和地池两个服务中心因为分别坐落在两个湖边而得名。作为园博会园区内的主要建筑，服务中心承担着人流集散、活动集聚、餐饮、休闲景观、文化传播、展示等多项功能。

由于建筑性质及地理位置等的特殊性，设计需要处理好几个特殊关系。首先是建筑与建筑的关系。由于与园博会主题馆同处于园区中轴线上的重要位置，设计既需要考虑在远观时突出主题馆建筑，又要考虑让人们走到邻近区域时能被服务中心的建筑所吸引，也就是要处理好"隐"和"现"的关系。然后是建筑与环境的关系。百果山以及项目具体所在地"天水"和"地池"都拥有很好的自然景观，建筑又处在湖边的显著位置，要处理好建筑和自然的关系，使得建筑与自然相融。最后是建筑与人的关系。由于服务中心的特殊性质，人流量很大，要让四面八方的游客能够快捷地到达服务中心区域，同时为暂时不能进入服务中心的游客提供观景、休息的场所。

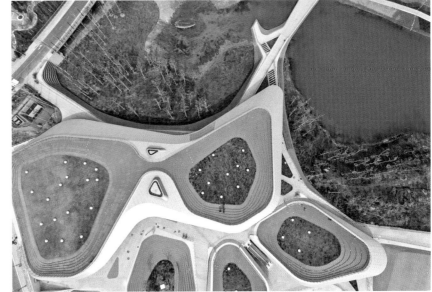

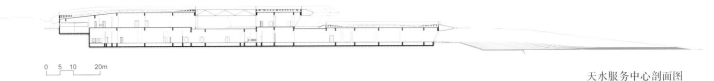

0　5　10　　20m

天水服务中心剖面图

天水服务中心

针对这些问题，设计师以"地景式建筑"的理念提出解决方案：通过合理地利用地形高差，将建筑与环境作为一个整体进行设计，功能按照不同标高分区设置，在尽量减小建筑体量的同时获得最佳的景观朝向；建筑顺应地形分为两层，二层屋顶与路面平齐，最大限度地降低建筑体量感，不对北侧的主题馆形成压迫，同时引导游客走上屋顶平台欣赏自然景观；最大限度地保留原有地形地貌和植被，天水服务中心东侧的小岛就是在保留原有地貌的前提下加入杨树等植物所形成的新的绿化景观；为了方便游客到达的同时拥有丰富的观景体验，设计应用了多路径游览系统的概念。

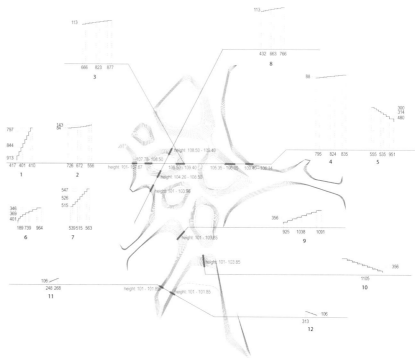

阶梯剖面图

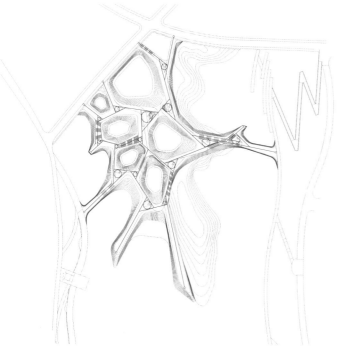

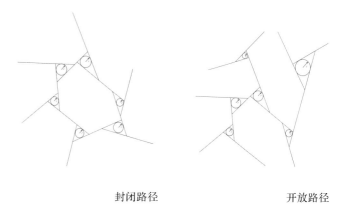

封闭路径   开放路径

天水服务中心几何系统1

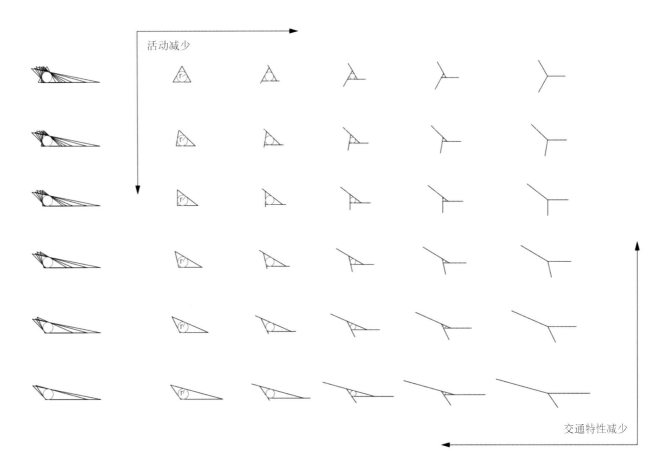

活动减少

交通特性减少

天水服务中心几何系统2

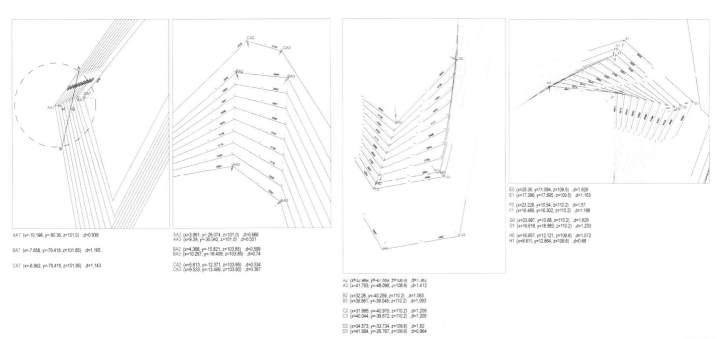

AA7 (x=-10.198, y=-80.36, z=101.0) ,d=0.939

BA7 (x=-7.658, y=-79.418, z=101.85) ,d=1.165

CA7 (x=-6.962, y=-79.418, z=101.85) ,d=1.143

AA2 (x=3.961, y= 26.074, z=101.0) ,d=0.686
AA3 (x=9.39, y=-30.042, z=101.0) ,d=0.551

BA2 (x=4.388, y=-15.821, z=103.85) ,d=0.599
BA3 (x=10.257, y=-16.409, z=103.85) ,d=0.74

CA2 (x=5.613, y=-12.371, z=103.85) ,d=0.534
CA3 (x=9.533, y=-13.466, z=103.85) ,d=0.367

A2 (x=32.969, y=-47.559, z=108.9) ,d=1.382
A3 (x=41.783, y=-46.098, z=108.9) ,d=1.412

B2 (x=32.28, y=-40.259, z=110.2) ,d=1.093
B3 (x=39.561, y=-39.045, z=110.2) ,d=1.093

C2 (x=31.995, y=-40.915, z=110.2) ,d=1.209
C3 (x=40.044, y=-39.572, z=110.2) ,d=1.209

D2 (x=34.573, y=-33.734, z=109.6) ,d=1.82
D3 (x=41.584, y=-26.767, z=109.6) ,d=0.964

E0 (x=25.35, y=11.094, z=109.5) ,d=1.629
E1 (x=17.396, y=17.895, z=109.5) ,d=1.163

F0 (x=23.228, y=10.54, z=110.2) ,d=1.57
F1 (x=16.489, y=16.302, z=110.2) ,d=1.188

G0 (x=23.987, y=10.68, z=110.2) ,d=1.629
G1 (x=16.616, y=16.983, z=110.2) ,d=1.233

H0 (x=16.657, y=12.121, z=109.6) ,d=1.572
H1 (x=8.811, y=12.864, z=109.6) ,d=0.68

细部图

在天水服务中心的设计中，一个灵活可变的三岔节点系统被用来生成建筑的整体组织结构。这个三岔节点系统由三根直线和节点处的三角形组成，而三角形由三根直线的方向及三角形内切圆半径控制，可以形成不同的大小和形状，以对应不同的功能要求，比如，小三角形对应交通型（通道）节点，大三角形对应活动型（广场）节点，等等。三条直线灵活的方向性可以在设计发展的过程中很好地适应复杂的地形，并提供多方向的可达性。同时，通过多个节点系统的组合，可以形成开放路径和封闭路径。封闭路径形成环路，中间围合成的多边形区域可形成建筑功能性区域或主要景观广场等，而开放路径则形成交通性节点，如连接周边道路的路径，以及目的性节点，如观景平台等。

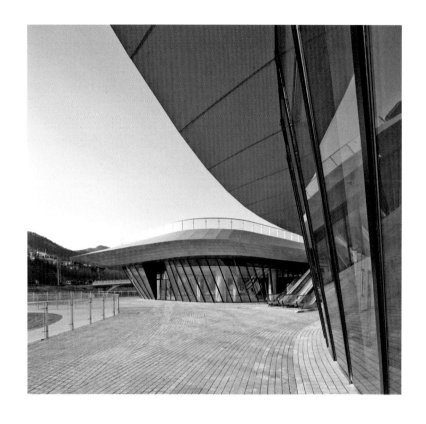

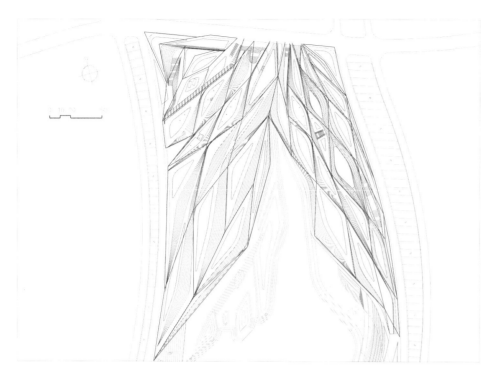

地池服务中心

与天水服务中心的设计方式异曲同工，地池服务中心对建筑、环境与人三个设计要素做出的回应如下：地池服务中心以中间下沉广场与地池湿地连接，建筑及景观顺应地形设置不同标高，在提供多方可达性的同时提供不同高度的观景体验；主要建筑空间低于周边路面标高，面向中央下沉广场，在方便游客使用的同时使游客可以欣赏最佳的亲水景观；地池服务中心区域的百余棵原有树木被完全保留下来，而屋顶平台及绿化空间既能节约能源，又使得建筑融于景观之中。

地池服务中心总平面图

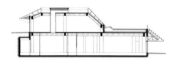

地池服务中心剖面图1-1

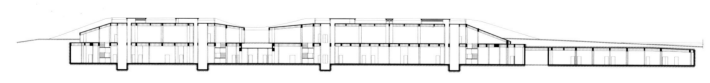

地池服务中心剖面图2-1

地池服务中心二层平面图

地池服务中心一层平面图

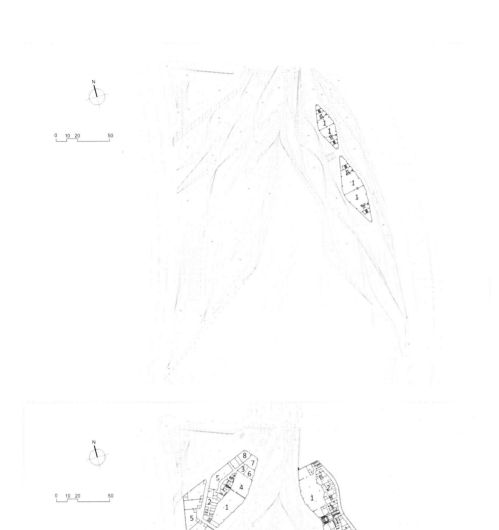

1 餐饮区　　　　5 设备区
2 后勤区　　　　6 邮政所代办点
3 办公区　　　　7 游客中心
4 综合服务大厅　8 超市

地池服务中心将一个三维菱形网格系统应用于设计中。网格根据地形的起伏以及功能的需要进行自适应性调整，在保证调整规则不变的前提下最终得到整体建筑及景观的设计。在这个调整过程中，适应地形及高度的纵向调整非常重要，因此设计形成了顺地形趋势的不同高度上的屋顶平台、观景台、广场空间等一系列连续的空间体系，而顺应菱形网格形成的阶梯系统就成为这一系列空间之间的转换元素。此时，建筑被看作在一定高度参数控制下的变体，融入整个几何系统，最终产生了一个建筑与环境一气呵成的空间体系。

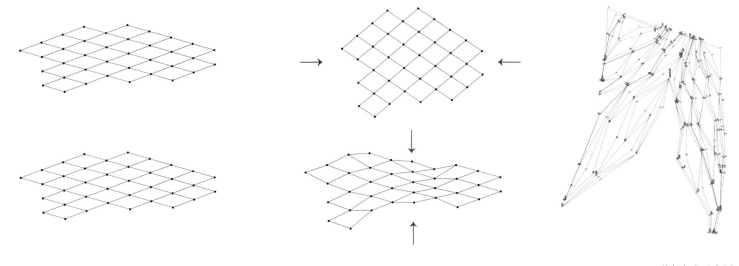

形态生成示意图

阶梯形态比较图

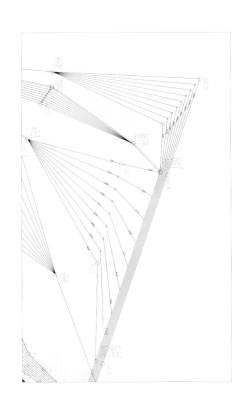
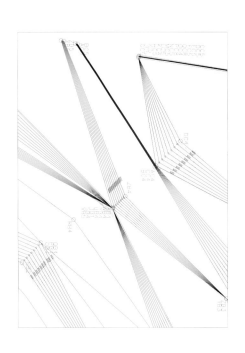
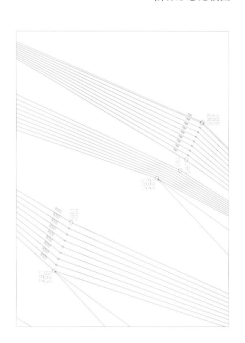

阶梯形态细节分析图

Arachne——
三维打印建筑外立面

设计公司：ASW 北京建解科技有限公司
项目地点：广东省佛山市
建成时间：2017 年
场地面积：120 平方米
建筑面积：360 平方米
建筑高度：13 米
摄影：傅兴

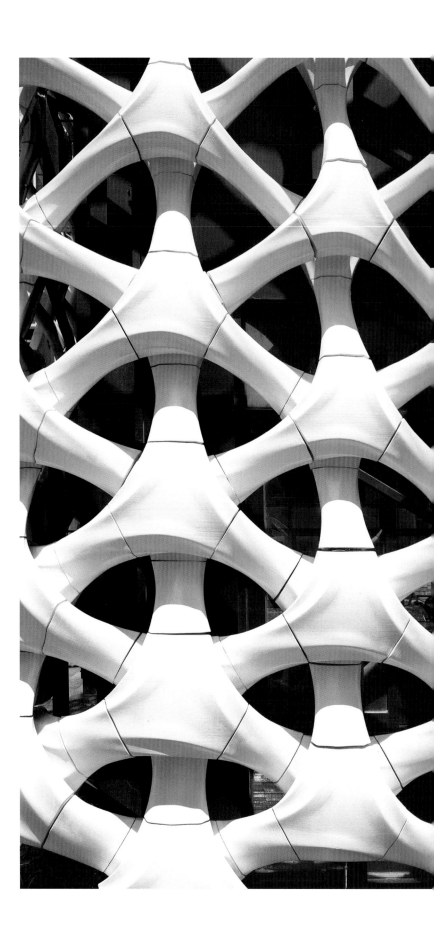

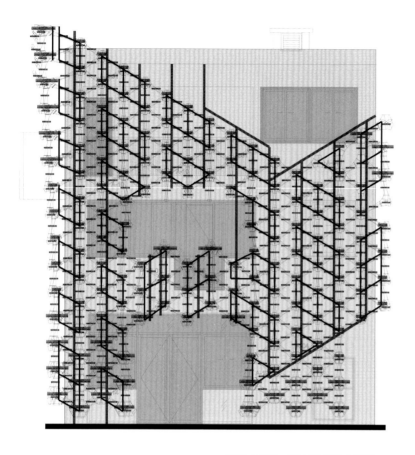

幕墙立面及三维打印组件布置图

Arachne是一个通过三维打印技术完成的数字化外墙装置,旨在通过参数化的设计手段重新定义普通建筑。这个项目的主要任务是将一座高10米、宽12米的三层建筑的主要立面"包裹"起来,并以此吸引公众的注意力。考虑到三维打印技术与设计理念的高契合度,设计团队选择通过该技术实现精致、典雅的包裹效果。设计团队先是通过编程的设计手段生成Arachne的空间造型,然后通过编程输出加工数据,最后由自主研发的三维打印机制作结构单元。所以说,整个项目从设计到制作都采用了严谨的数字化流程。

在几何形态上,项目选择六边形作为基本单元,并编织三组线程以创建交织的网格,同时精心设置网格密度以优化外观。在与建筑群交叉的位置,例如阳台和雨棚,网格会产生变形。当转向建筑角落时,这些线程逐渐消失并以简单的形式终结。整个基于三维打印组件的网络保持自适应方式,如丝质包裹。

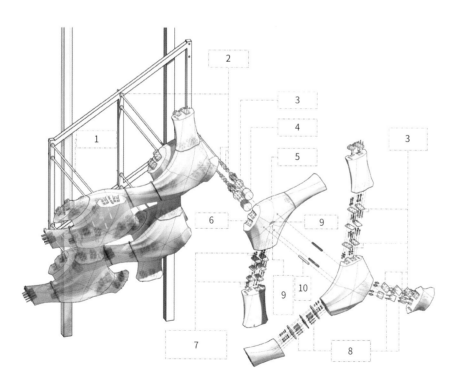

三维打印组件构成分析

1 M12螺纹丝杆(304不锈钢)
2 螺母垫片(304不锈钢)
3 连接板(304不锈钢)
4 塑料连接组件[碳纤维增强聚乳酸(PLA)]
5 块状节点(三维打印组件)
6 连接板[碳纤维增强聚乳酸(PLA)]
7 M6螺栓、螺母、垫片
8 M6螺栓
9 LED灯座（三维打印零件）
10 不锈钢杆件

这里使用的 2000 多个组件可分为六角接头和连接结构两种类型，总重量超过 5 吨，由 50 台大型 FDM 打印机（工艺熔融沉积制造打印机）在 4 个月内制造完成。每个组件都与其他组件不同，并且在安装过程中使用特定的标签系统进行加工和定位。竖框网格由表面的六边形布局控制，每个部件都通过螺栓或螺钉加以固定。粒子灯位于第二层，用于背光照明。所有信息都是从 Grasshopper 和 C # 编程的数字管道输出的，并在 Rhinoceros 中进行可视化检测。

为了提高塑料三维打印PLA（聚乳酸）材料的耐久性，主要有两个需要解决的问题：耐火和抗老化。在组件的制造过程中，混合阻燃添加剂能够使之满足防火规范要求，但抗老化解决方案较为复杂，因为PLA对大多数涂料都不友好。解决办法是在刷主要的白色涂料之前，须先刷一种氟碳凝胶，并在之后涂上上光漆以得到最终产品。该处理过程能防止塑料被氧化，并增加耐久性。

Fab-Union 空间

设计公司：上海创盟国际建筑设计有限公司
项目地点：上海市徐汇区
建成时间：2015 年
建筑面积：368 平方米
摄影：陈颢

快速城市化过程中的微型建筑营造往往
要求在极大地提高土地利用率、创造多
功能空间的同时，为城市和自身创造独
特的空间性格和魅力。

位于上海市徐汇区滨江西岸文化艺术区
的Fab-Union空间是一栋300多平方米
的小型建筑。在设计之初，为了减少投
入并提高空间利用率，整个项目被横向
划分为两个空间，两侧不同标高的楼板
在保证可使用面积最大化的同时，为展
览、办公等未来可能的使用目的提供相
应的灵活性。两侧的楼板通过其旁边两
堵150毫米厚的混凝土墙得到支撑，而中
部则是通过竖向交通空间的巧妙布局，
将重力进行引导，使得楼梯空间成为整
个建筑的中部支撑，使得传统意义上的
结构-交通这种二元化的建筑要素得以同
化。同时，交通动线和重力的传导在空
间和形体上既互相制约又彼此平衡，因
此自然地成就了空间塑形的基础。建筑
的界面相对透明，这样使得结构的表现
力可以在建筑的外部被读出。

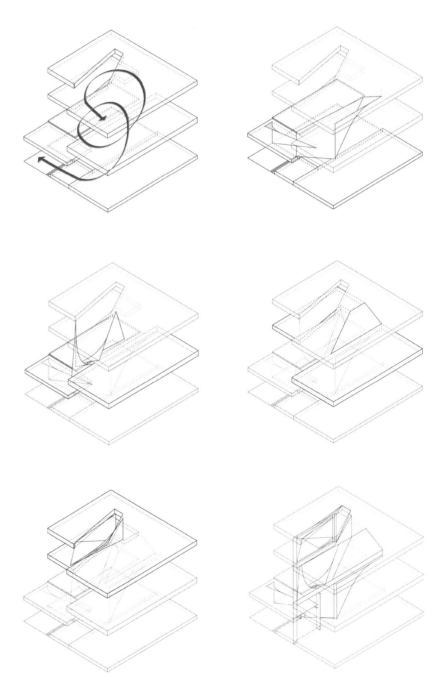

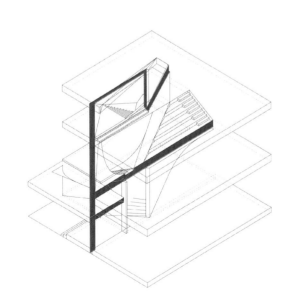

轴测分析图

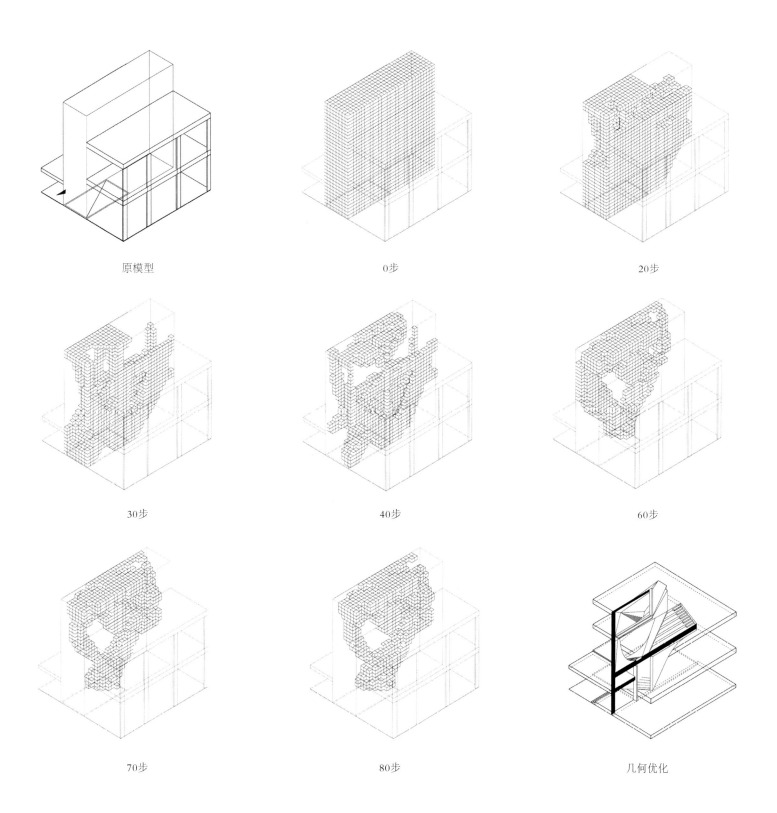

原模型

0步

20步

30步

40步

60步

70步

80步

几何优化

双向渐进结构优化分析图

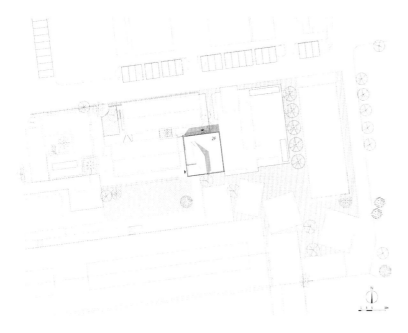

设计首先保证双层高展厅与三层低展厅相对完整，中间仅留3米宽的交通空间。这一空间构思是建立在人的动态行为、空气动力学以及空间体量连续性最大化的基础之上的。动态非线性的空间生形是建立在结构性能优化以及空间动力学生形的基础之上的，整个过程运用了切石法和投影几何以及算法生形等多种设计方法。混凝土作为可塑性材料，既承载了建构特性，又易于施工。整个建筑从设计到施工历时仅四个月，这是数字化设计以及施工方法带来的奇迹。

总平面图

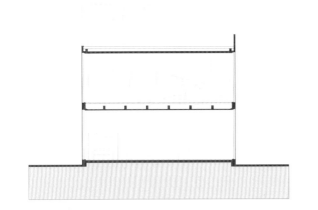

剖面图 1

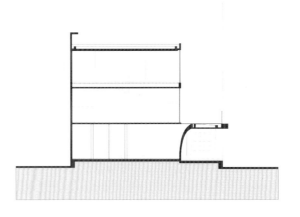

立面图1

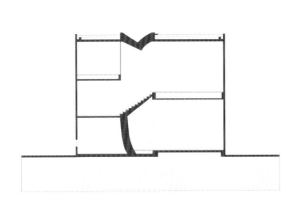

剖面图 2

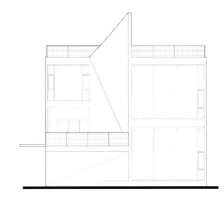

立面图2

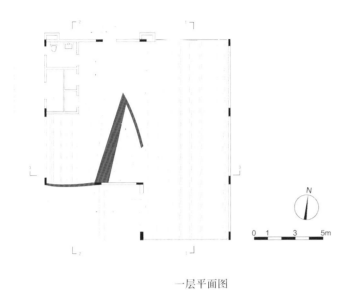

一层平面图

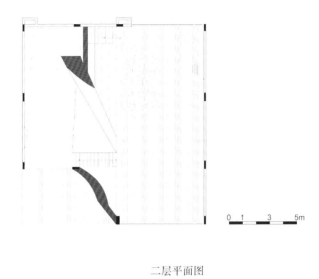

二层平面图

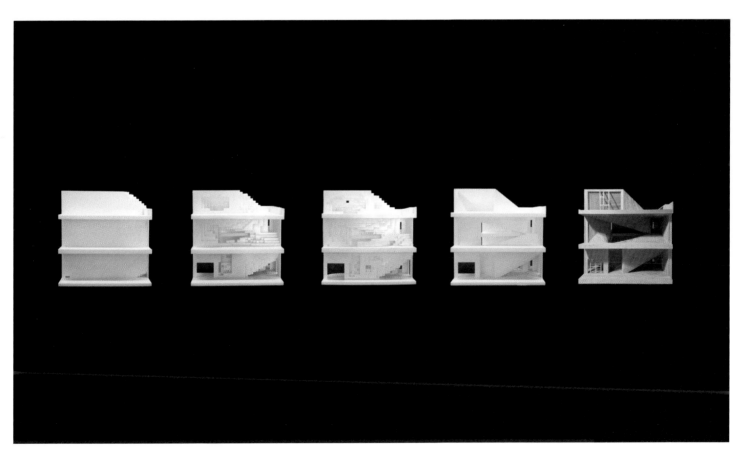

模型图

阿里巴巴展示中心

设计公司：张晓奕团队（水晶石建筑设计中心 + 筑博设计）
设计合作：中国联合工程有限公司
项目地点：浙江省杭州市
建成时间：2013 年
场地面积：12 090 平方米
建筑面积：5088 平方米
建筑高度：120 米
摄影：林海

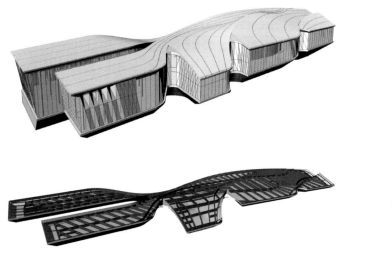

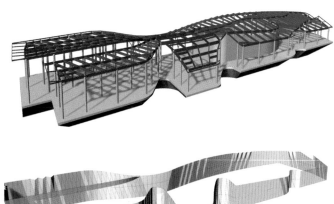

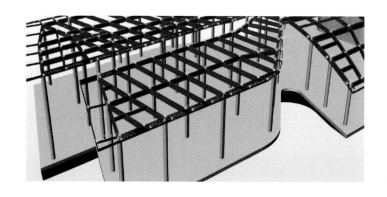

建筑设计推敲及施工控制模型

非线性曲面屋顶结构控制标高

该项目的任务是设计位于淘宝城中心区的展览中心。阿里巴巴展示中心采用了特殊的推演方法来解决限制条件，从而实现建筑与环境的协调。建筑自然地生长于基地上，体现了设计师对自然与人的尊重，同时又成功地满足了其作为淘宝城核心建筑的特殊要求。

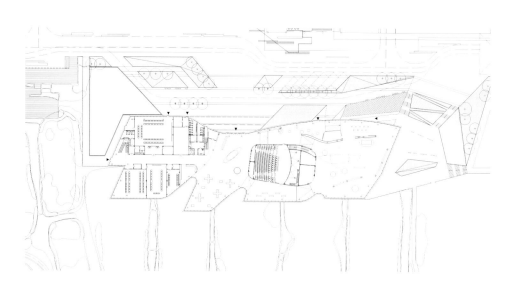

平面图

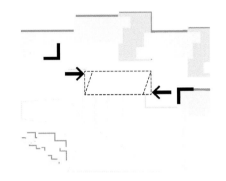

弱化建筑对角，倾斜体形

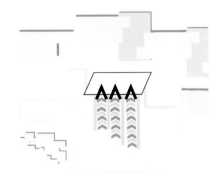

呼应湿地水系，建筑切口

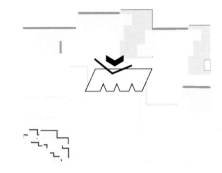

强调建筑入口，北侧退让

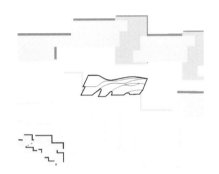

建筑形体

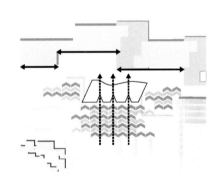

平衡竖向水系与横向建筑体量，曲线生成

建筑生成逻辑

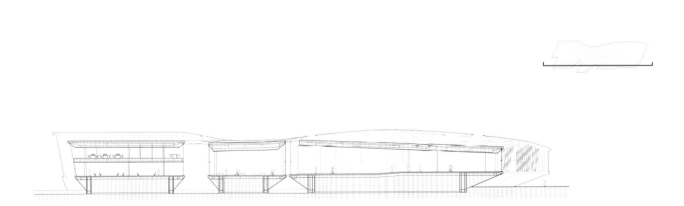

0	5	10	20		50

临水部分剖面图

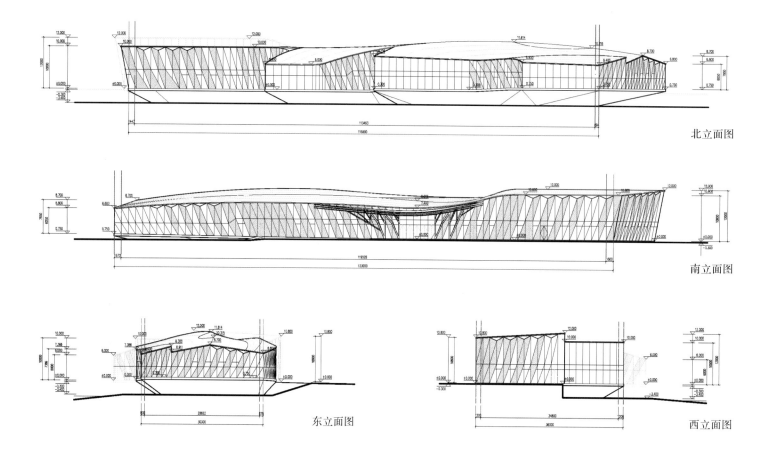

北立面图

南立面图

东立面图

西立面图

设计的生成过程考虑到了环境的影响，
包括周边办公建筑、湿地、场地高差，
以及人行流线，并通过非线性的形体将
人流引入，使人与景观在展示中心交
会。由于一半的建筑基地位于湿地之
上，因此建筑面向湿地的一侧被抬高形
成悬挑，将水面引到建筑之下，从而减
少建筑基底对湿地的侵占。

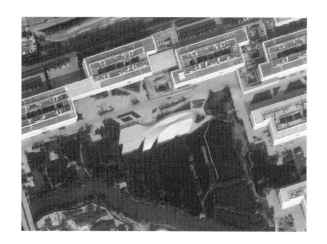

阿里巴巴展示中心的设计更加强调建筑在应对不同环境参数时的形式策略。这种形式策略既包括对总平面布局的非线性调整，又包括立面幕墙体系对环境的回应。变化的幕墙系统和复杂的形体组织使建筑充满片段式的叠加，然而正是这种叠加使建筑从每个角度看都充满了新的趣味性。

展示中心位于淘宝城的景观核心位置，因此从园区的各个角度均可以被看到，尤其是建筑屋面，是北侧办公区面向湿地的重要前景。通过建筑、结构、机电等各领域专家的协同努力，设计实现了连续起伏的屋面，避免了通风井和其他设施破坏屋面的完整性。

在设计和施工中，非线性建筑面临定位和专业协作的困难。设计团队通过数字模型和脚本等方法完成了设计阶段各专业的定位及协调。此外，三维模型也被工程承包单位作为施工管控、校准的重要信息。

万科广场
悬浮咖啡厅

设计公司：南京大学建筑与城市规划学院钟华颖工作室
项目地点：广东省深圳市
建成时间：2013 年
场地面积：200 平方米
建筑面积：200 平方米
摄影：侯博文

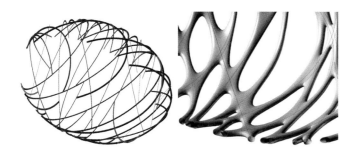

平面板组成的结构网格   GRG表皮结构骨架与表皮

D=100，P=0.1   D=200，P=0.2   D=200，P=0.5

参数控制的表皮生成

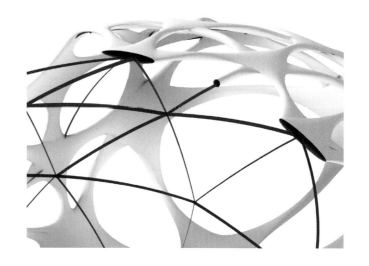

钢结构骨架与GRG表皮构造节点

P=100   P=300   P=500

结构–表皮匹配度的参数控制

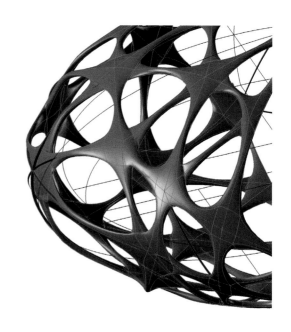

曲面变形引起的结构表皮不匹配问题

该项目位于深圳龙岗万科广场中庭空间中的一个由钢索悬吊的咖啡厅内。接手项目时，原设计方的方案已经在工厂完成了结构骨架的加工拼接，但由于误差太大无法进行后续安装而被废弃。该设计方案也提供了三维模型，因此方案实施失败的原因是现设计团队接手项目后首先思考的问题。

经过分析，设计师发现复杂三维形体建筑的实现，不是一个三维数字模型就可以保证的，应当综合考虑尺度、形态、材料、加工、安装等多方面的因素。为此，设计师在后续设计中采用了一系列技术措施，最终使得项目顺利实施。

中等尺度的设计策略：设计的困难不在于形体的复杂，而在于尺度的影响。咖啡厅的椭球体的长轴为16米，其尺度介于大型建筑和小型构筑物之间。该设计方案在近人界面采用高精度加工的构件，在不影响体验的结构部分，放松构造精度要求，降低造价。

适应材料特性的几何选型：悬浮咖啡厅是一个材料决定形态的设计。可塑性高并具有防火性能的GRG成为首选。GRG可以通过数控加工成板材，再经过填缝、打磨等工序实现无缝的光滑表面。考虑到打磨的工艺要求，咖啡厅选择了凸形曲面形体，并通过增加孔洞，减小曲面板块的尺寸，以掩盖加工瑕疵。因此，构造具有孔洞的连续凸形曲面成为形态设计的原则。相对于曲面建模常用的nurbs曲面，T-splines这一几何工具更能适应复杂拓扑关系的建模。

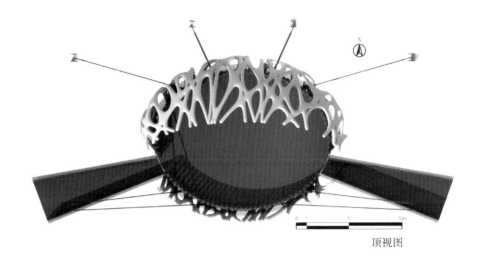

顶视图

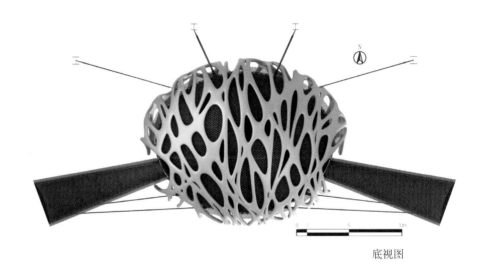

底视图

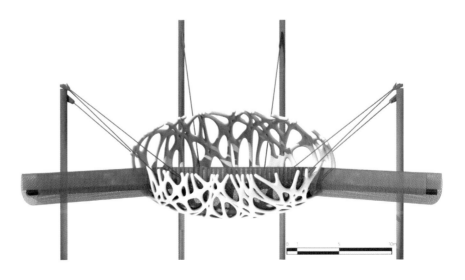

立面图

适应加工的平面化结构构件：设计师选择钢材作为支撑GRG表皮的结构材料，并将构件的形状变化限制在平面内，然后再用多个方向的平面与椭球体相交，形成交织的网格，并据此加工构件以降低成本。

蜡模铸造的三维GRG表皮：GRG生产厂家开发的蜡质模具技术，允许设计采用CNC机床雕刻蜡锭制造模具，以便模具在使用后可以熔化还原，重复利用，降低了加工成本。经过数控加工翻模后的三维GRG表面能够忠实还原三维数字模型的细节，经过打磨抛光后平整度更高。

控制形态的最小断面：采用直径30厘米的最小断面作为控制参数生成表皮的连续曲面，提高了加工建造的精度要求。为了实现这一精度，节点和结构线形的设计提出了相应的技术措施。

大容差的构造节点：在空间上，放大网格交会的节点构造，增加了内部钢结构交接的容错空间，同时对室内空间限定也更为有利。

悬浮咖啡厅的加工建造历时约3个月，设计周期则超过半年。整个过程探索了复杂曲面建模方法、参数化设计方法、数控加工、复杂形体安装等多个方面的设计建造技术。在技术探索之外，该项目也让业主和建筑师感受到了数字技术应用在建筑行业的巨大潜力。

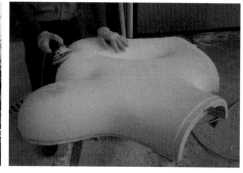

云夕雪亭

设计公司：南京大学建筑与城市规划学院钟华颖工作室
项目地点：浙江省桐庐县
建成时间：2017 年
场地面积：100 平方米
建筑面积：9 平方米
建筑高度：3 米
摄影：侯博文

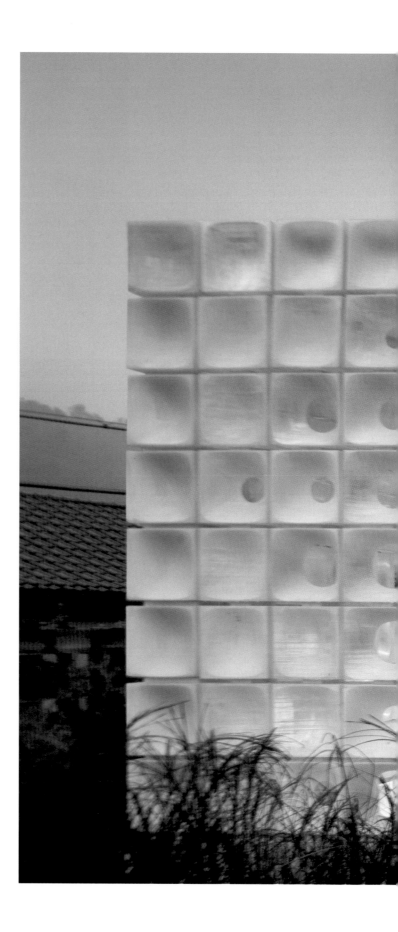

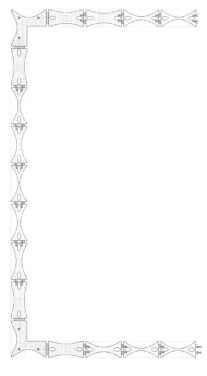

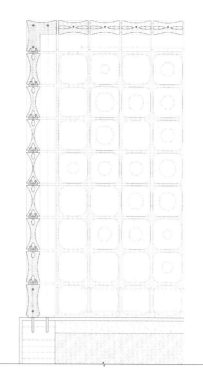

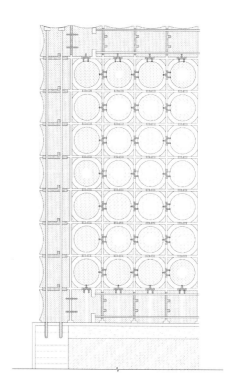

外墙平面大样   墙身纵剖大样   构造单元大样

这个项目位于浙江省桐庐县莪山畲族乡山阴坞村云夕民宿雷氏小住宅前院，是一个用400个30厘米见方的PLA材料的三维打印单元拼装组成的小亭，因其似冰如雪的表面质感，被命名为雪亭。小亭由三家供应商联合组成的打印网络，耗时一个月打印，并在当地两位村民的帮助下花费三天组装建成。这是一次三维打印技术下乡的小微建筑实践。

三维打印这种快速成型的数字制造技术看似与以传统手工艺为特色的乡村环境并无关联。设计调研发现，有限的预算、专业化组织管理团队的缺失、技艺精湛的传统技艺职业工匠的流失，是乡村建筑营建面临的普遍问题。三维打印具备塑形灵活、快速成型的优点，再加上网络化的加工方式和现代物流体系的支撑，可以将建造活动对当地环境的侵入与干扰降至最低。乡村建造的独特需求建立了数字技术与传统技艺之间的内在关联。

雷氏小住宅的主体是由本地工匠建造完成的砖混结构房屋，并且利用了当地采石场废料作为装饰。而前院里这个功能相对独立的小亭，则是采用远程三维打印完成、通过物流网络运输至当地完成的装配式小建筑。两者一大一小，一实一虚，在呈现出视觉的对比之外，更为重要的是将两种建造体系置于同一乡村背景之下，探索乡村复兴及传统技艺延续的现实路径。

三维打印采用合成材料PLA，具有重量轻、精度高、工艺成熟的优点。为了降低材料耗费，减少打印时间，设计团队采用了打印密度极小的单元。轻质的副作用是降低了构件强度，为了平衡轻质与强度的矛盾，设计团队进行了力学计算模拟，以获得内力力流分布图，依据单元受力的不同设定相应的打印密度，创造出了一种渐变的透明效果。完成的建筑表面，在早、中、晚的不同光线下会呈现不同质感，暗合了基地旁边水库的光影斑驳，以及纤细而精致的乡村触感。

这个项目是近年来该项目的设计团队继三维打印张拉整体装置及弹性三维打印研究之后，更大尺度的一次三维打印实验。三维打印技术的作用，也由一种造型手段向发展性能化的建筑材料，搭建远程加工服务平台，组建网络化、集成化的工作集群发展。这一数字化的设计加工建造方式具备的远程服务、网络化加工、工业化拼装的建造特征，不仅适合城市建设，也适于解决乡村建造面临的普遍问题，可以发展出一种以效能为导向的乡村建造新方式。

2017 中国国际园博园
乌鲁木齐园

设计公司：Lab D+H 景观设计事务所
项目地点：河南省郑州市
建成时间：2017 年
场地面积：6000 平方米
建筑面积：200 平方米
建筑高度：7 米
摄影：唐曦

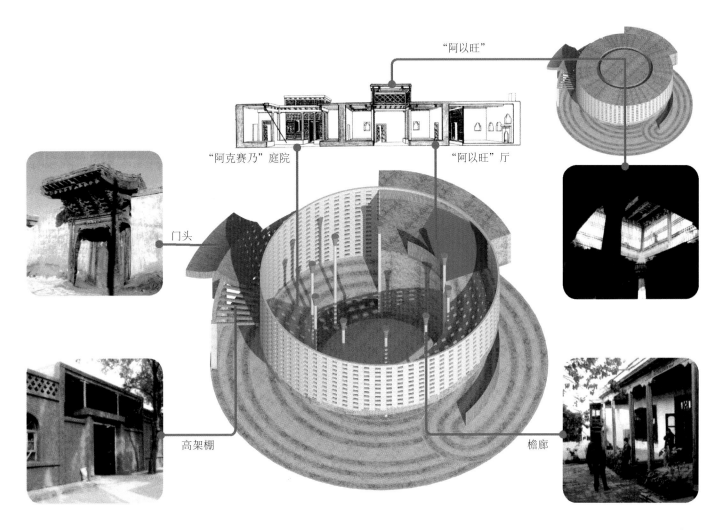

"阿以旺"

"阿克赛乃"庭院

"阿以旺"厅

门头

高架棚

檐廊

功能分析图

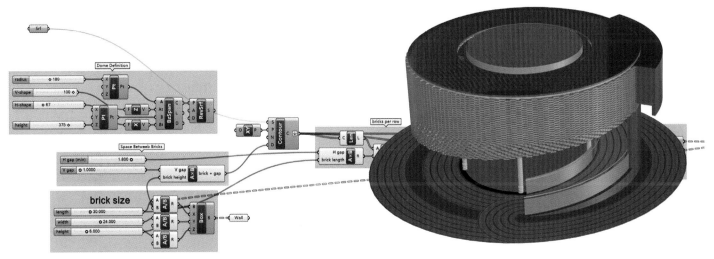

数字化设计

2017中国国际园博园乌鲁木齐园的设计策略是希望回归园博园展览的本质——通过设计为园艺展示提供一个戏剧化的空间舞台，同时，在呈现当地景观与建筑面貌上向业主建议创新的形式。另一方面，设计团队尝试改变人们对于园博园展览设计的固有思维，把设计的现代性藏匿于传统语言的外衣之下。设计团队以新疆传统弦乐器"热瓦普"为灵感，设计了以音乐为主线的参观动线。该动线以一条蜿蜒的琴弦园路为引导，依照维吾尔木卡姆乐章气氛组织游览和空间序列。

琴弦园路带来的抬升与下沉、围合与开敞等体验，为园艺展示提供了空间素材，也为参观中的游人带来了丰富的空间感受。琴弦园路所引向的终点是一座以镂空砖为表皮的圆形展馆，代表"热瓦普"的发声装置——共鸣箱。

展馆设计师和工匠们共同精心打造的乌鲁木齐园特色展馆建筑，是一个以拥抱公共空间为理念的半开放式现代景观建筑。建筑空间和每个细节元素的组合，都体现了传统新疆建筑特色，同时也充满了现代感，与整体园区景观和谐统一。整个建筑的空间行进体验是一种户外景观拓展的表达，采用一条旋转坡道，将室外的琴弦园路延伸至室内，绕梁而上，模糊了室内外的分界。人们在坡道上的各个角度都可以观看到建筑供人聚集和互动的中心舞台。现代钢结构的柱廊和暗藏的吊柱赋予了这座外部砖式的建筑更多的悬挑和开敞可能。建筑的屋顶及立面以参数化的设计手段实现了新疆民居"阿以旺"和凉房的镂空砖形式。传统原型和质朴材料的选择，加上数字化的设计手段，希望让人们在感受不停变幻的建筑光影的同时，留下他们对于美丽新疆的记忆，尽情在"麦西热普"歌舞厅内晾晒美好。

无限桥

设计公司：iDEA 建筑事务所
项目地点：山东省泰安市
建成时间：2016 年
桥总长：86 米
跨度：41.2 米
拱高：7 米
摄影：吴清山、高岩

基地现状

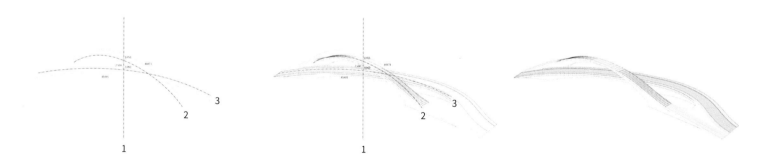

建筑生成过程

1 中轴线
2 人行桥轴线
3 车行桥轴线

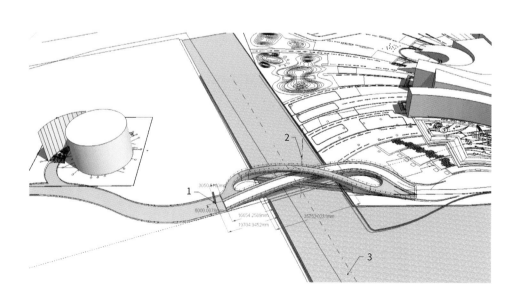

场地分析图

1 定位点
2 车行桥中轴线
3 河中轴线

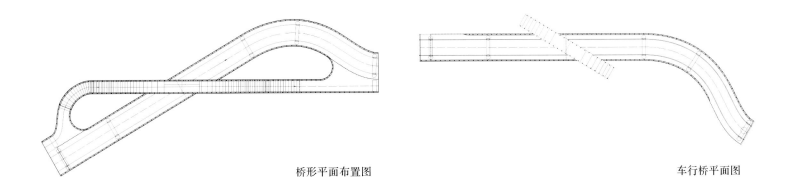

桥形平面布置图   车行桥平面图

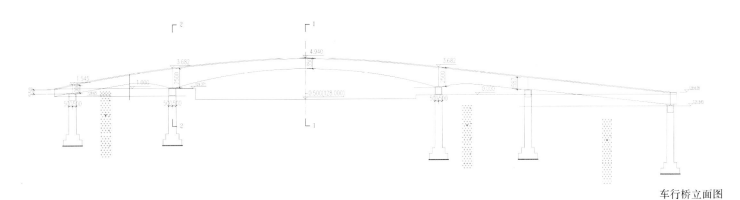

车行桥立面图

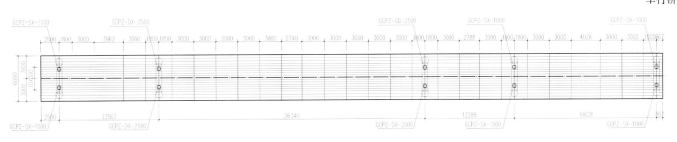

车行桥平面结构布置图

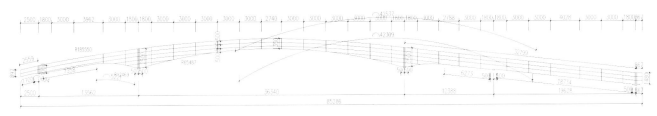

车行桥内部结构布置图

"无限桥"坐落于泰山脚下，天颐湖旁，是前、后两湖连通运河的门户，一端通往"梦想小镇"儿童体验馆，另一端临近飞行家体验馆。无限桥给天颐湖景区带来了更丰富的游览空间和趣味性，让桥不仅仅是桥，也成了人们驻足赏景的"节点"。

设计突破了景观桥的一般设计思路，挑战了桥只作为连接两点的高效结构的根本观念。在这里，原本的"一座桥"被分成两个部分，功能上分为人、车两条流线：下层为车行桥，供景区游览车和婚车通行，两侧为游客步道；上层为人行桥，游客们可以在此登高望远，赏景抒怀。双桥灵动的曲线造型延续了儿童体验馆设计中的浪漫想象，把"跨越"的经历抽象为数学中代表无限的"∞"符号，通过参数化模型和信息的无缝对接，发挥箱式结构的造型能力。设计力求实现流线型形体的顺滑完美，让空间在河道上延伸，让景观在空中扭转。

设计师充分分析功能人流走向和周边风景资源后，找到了两个重要的方向，即垂直于河道和延续东侧水边步道。同时，考虑到很多儿童喜欢在公园里跑上跑下，为了避免步行者和车流的交叉，设计师将人行桥与车行桥分开，再在端部将两座桥连成一个整体。利用透视原理，两座交叉拱桥在首尾平滑相连，产生了三维空间曲线的动感效果，这就成了桥身。

设计师主要使用参数化建模，首先设定了几个必须满足的条件，包括车行桥肚和水面之间以及人行桥肚和车行桥板之间的净高和河道轴线的对位。在这些限制下整体建模，通过调试曲率、跨度和高度，设计师找到了在人视点透视上合适的平滑度。

云停

设计公司：WEI 建筑设计
项目地点：北京市朝阳区
建成时间：2016 年
场地面积：50 平方米
建筑面积：50 平方米
建筑高度：6 米
摄影：WEI 建筑设计

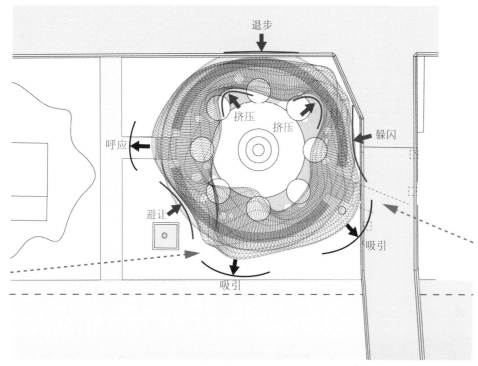

分析图

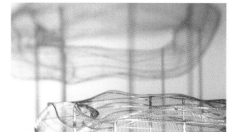

模型图

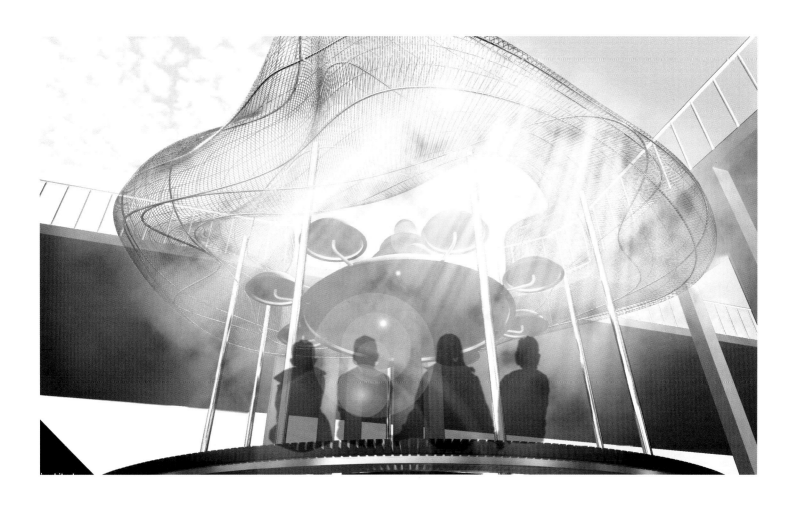

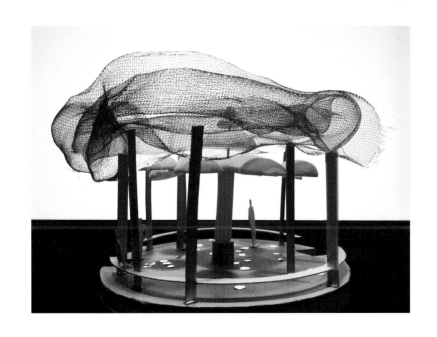

作为2016年751国际设计节参展作品之一的蘑菇亭改造项目"云停"是围绕751原有的蘑菇亭而加建的一个公共艺术空间。这里有工业时代的大尺度，以及与我们日常生活脱离的戏剧性效果，因此吸引了很多人前来观看。

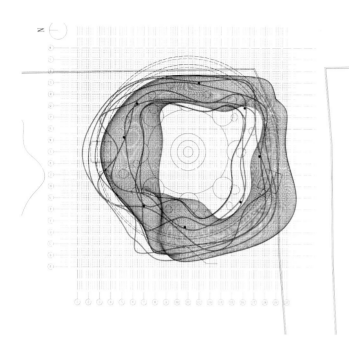

综合平面图

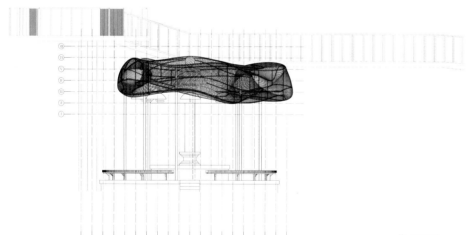

北立面图

蘑菇亭虽然很小，却具有这片工业景观里非常典型的工业时代建筑的特征——一种非常强势的表达，给人带来一种压迫感。它很厚重，像一座雕塑，且因年代久远而变得斑驳，甚至布满裂痕。"亭"在中国历史上是一种重要的建筑形式。明代《园冶》里提到，"亭"是停留的意思，能让人聚集、停留。而这个蘑菇亭不具备这个功能，它被几层台地高高抬起，并没有设置任何座位。

设计团队希望能在这里创造一种环境，可以让人在此停留，让人有安静、被庇护的感觉。他们选择不对原构筑物做改动，而是围绕它做一个轻柔、温软的亭子。他们希望这个加建的亭子给人的感觉是没有形状的，可以"溶"于任何东西、任何环境。它是一个让自我消失的构筑物，给人提供可以安静地休息、停留的地方。

最后，设计师选了"云"的形式作为切入点，并为项目取名"云停"。云是大自然的现象，就像人类从远古时代就会在大树下乘凉，这些都是大自然给我们的一种庇护。同时，云也是没有固定形状的。

"云停"的形式看起来非常随意，好像信手拈来，但其实它的造型完全是根据周边各种条件而设计的，以一种谦虚退让的姿态与周边环境紧密融合在一起。"云停"的主龙骨里置入了喷雾系统，而座椅下方则有灯光系统。在夏天，水雾可以为歇脚的人降温，细小的水分子与阳光、空气接触，还会产生朦胧氤氲的效果，让人有置身云端的感受。

"云停"的地面上设计了大小不一的不锈钢片，看似随意地撒落。钢片折射出的斑驳光点，让人恍如进入了另一个维度空间。身在"云停"中，人、亭子与自然每时每刻都在产生着微妙的关系。

武家庄接待亭

设计公司：清华大学建筑学院 - 中南置地数字建筑中心
项目地点：河北省张家口市
建成时间：2019 年
场地面积：270 平方米
建筑面积：30 平方米
建筑高度：5.5 米
摄影：清华大学建筑学院 - 中南置地数字建筑中心

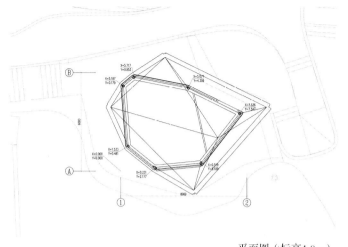

平面图（标高4.0m）

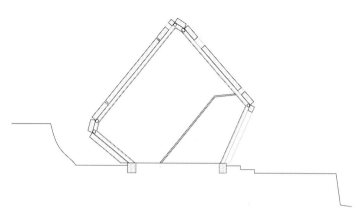

剖面图1

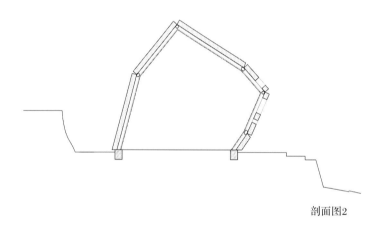

剖面图2

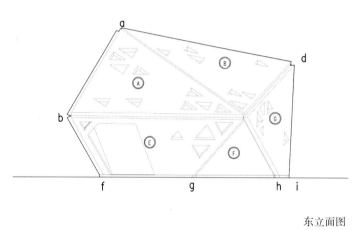

东立面图

西立面图

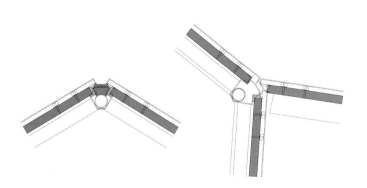

节点详图

浅山丘陵与黄土缓坡是武家庄特有的自然景观，如今，这里正在积极准备迎接2022年冬奥会。武家庄接待亭项目结合数字建筑设计研究，在村头建造了一个30平方米的旅游接待中心。

建筑室内用欧松板贴面，内部空间随外形呈现出不规则的折叠形式，其尺度与传统祠堂、庙宇相当，实际上创造了一个村民的精神空间。建筑室外地面及护坡使用当地红砖，因山就势，自由活泼，而台阶坡地形成了天然的观众席。

建筑的日常功能是旅游接待、纪念品销售，同时也作为节日、活动的表演舞台。有趣的是，这个小屋是一个互动建筑，是一个可开可合的小屋，能够随着气候变化而改变形态。该建筑的设计采用了准晶体结构的单胞形态作为小屋的形体，它是一个不规则的十六面体，其中有3个面可以开合；当室外气温在16~29℃时，这3块面板会以不同的角度打开，以保证室内自然通风及观众效果；当室外温度低于16℃或高于29℃时，面板会自动闭合，启动采暖或制冷系统；刮风或下雨时，面板也会关闭。这些开合依靠建筑的互动系统实现，包括3个部分：采集环境信息的传感系统、软件中枢控制系统、面板上的机械装置。当小屋的3块板完全打开时，它会成为一个表演的舞台，观众可以坐在周边的坡地台阶上观看演出。

可持续发展已经是人类的共识，但要想真正实现建筑的有效生态化，需要以建筑为载体和基本单位，综合各种已有技术，创造一个新的建筑系统。互动系统与建筑的结合将是一种潜在的有效途径。这涉及建筑、结构、水暖电、声光热，需要各专业的通力合作。这个互动小屋只是在有限的程度上尝试了新的建筑系统，希望引起大家的关注。

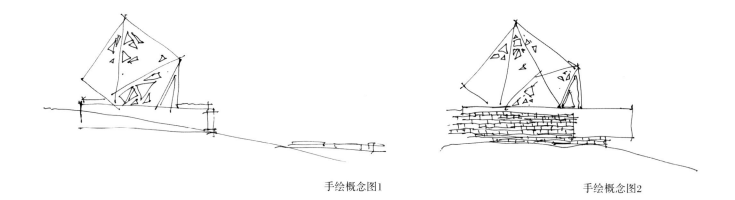

手绘概念图1　　　　　　　　　　　　　　手绘概念图2

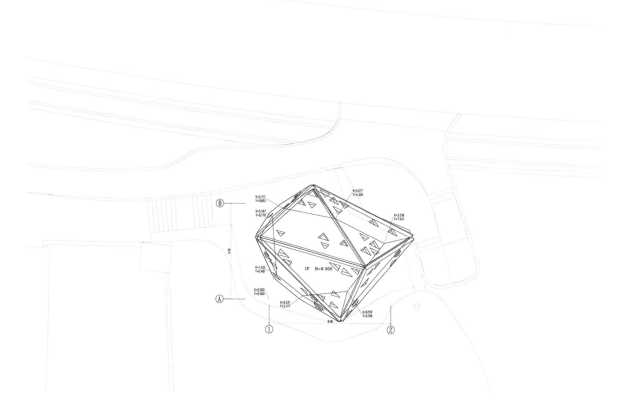

平面图

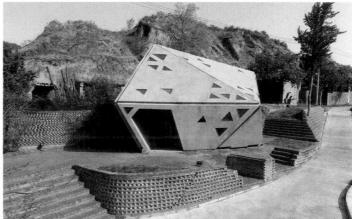

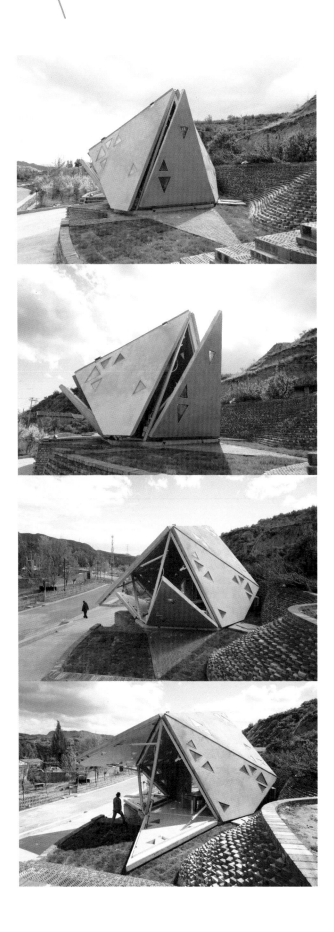

建筑不规则的晶体形状与山体形状、台地地形相契合。建筑面板采用GRC材料再现了当地传统夹草夯土墙的质感。它融于黄土山坡的自然环境，同时可以唤起村民的认同感。建筑设计采用了三维数字模型建模方法，而建筑结构采用了不规则钢框架体系。整体钢框架是用14根直径13厘米的钢管现场焊接而成。GRC面板在工厂加工，在现场装配并做接缝处理形成密闭的整体。面板上的窗户依据数字模型，工厂加工后现场安装。

中国数字发展年表

CHRONOLOGY OF DIGITAL ARCHITECTURE
DEVELOPMENT IN CHINA

6月	7月	8月	9月
] / 西交利物浦大学 @ 苏州	国际论坛"数字设计的社会性" / 清华大学 [帕特里克·舒马赫、杰西·雷泽、梅本奈奈子、赫尔南·迪亚兹·阿隆索（Hernan Diaz Alonso）、小渊祐介]		
可视化与物质化（"数字未来"系列活动）/ 同济大学 [菲利普·布洛克（Philippe Block）、沙迦布汉（Shajay Bhooshan）、比艾纳·博戈西安（Biayna Bogosian）、贝纳兹·法拉希、尼尔·里奇、 李贤淑（Hyunsoo Lee）、史蒂文·马、帕特里克·舒马赫、渡边诚、黄蔚欣、孟刚、孙澄、王文栋、袁烽]			
美术学院 俨、卢兆城、曲鹏宇)	IAAC-LCD 国际工作营 @ 北京银河 SOHO (徐丰、赵力群、阿里·加拉哈尼)		DADA2017 国际工作坊 / 南 [小渊祐介、徐卫国、吉国华、 伊洛娜·莱纳德（Ilona Lenard
	午觉亭搭建 @ 陕西蓝田 [克利福德·皮尔森（Clifford Pearson）、杰弗里·冯·奥伊恩（Geoffrey von Oeyen）、 马清运、王文栋]		"数字 - 文化"DADA 研讨会 (丁沃沃、肖毅强、徐卫国、小
	参数化非线性建筑设计研习班 / 清华大学 [徐卫国、黄蔚欣、凯特琳·穆勒（Caitlin Mueller）、王子耕、于雷、林秋达、宋刚]		
RIA 会议）/ 清华大学 、马岩松、饶爱理（Ali Rahim）、赫尔南·迪亚兹·阿隆索、邵韦平及菲利普·布洛克]		数字设计与智能建造——从算法思维到机器人智能建造（学术讲座 (袁烽)	
A2018 年数字建筑峰会 @ 上海宝山智慧湾 Hansmeyer）、本杰明·迪伦布尔格（Benjamin Dillenburger）、黄敏慰（Alvin Huang）、张周杰、徐卫国、周宇舫、井敏飞、刘延川、刘宇光、钟华颖、王蕾、宋刚、胡骉、			
学 @ 北京	人机共生（"数字未来"系列活动）/ 同济大学 [马德朴、尼尔·里奇、帕特里克·舒马赫、罗兰德·史努克斯、尼达·特拉尼（Nader Tehrani）、何宛余、徐炯、袁烽]		北京国际设计周"智能社区 (徐丰)
华大学 rid Brell-Cokcan)、约翰尼斯·布诺乌姆恩、帕特里克·詹森（Patrick Janssen）、龙瀛、克里斯托弗·克莱姆特（Christoph Klemmt）、伊戈尔·潘迪克（Igor Pantic）、)、卡梅隆·纽纳姆（Cameron Newnham）、沙迦布汉（Shajay Bhooshan）、徐卫国、袁烽、姚佳伟、史蒂文·马、孟浩、黄蔚欣、张登文、于雷]			
	参数化非线性建筑设计研习班 / 清华大学 [徐卫国、李宁、林秋达、于雷、黄蔚欣、M. 凯西·雷姆（M.Casey Rehm）、米罗·迪亚兹 - 格拉纳多斯（Ramiro Dia		
美术学院 俨、卢兆城、曲鹏宇)	智能建造花园 / 清华大学建筑学院 - 中南置地数字建筑中心 @ 张家口 (徐卫国、高远、张志龄、孙晨炜、韩冬、林志鹏、罗丹、孙仕轩、程瑜飞)		"绿色智能"IEID 创新与新兴 [马克·伯利（Mark Burry）、 蕾纳塔·森克维奇（Renata Se
会数字建造学术委员会、清华大学、华中科技大学 @ 北京 敏、徐卫国)			
会 @ 厦门	参数化非线性建筑设计研习班 / 清华大学 [徐卫国、于雷、林秋达、黄蔚欣、陈毅强、M. 凯西·雷姆、达米安·约万诺维奇（Damjan Jovanovic）、李宁]		
姆斯基（Yan Krymsky）、徐卫国、	Multi-Chain System 大尺度搭建 @ 陕西蓝田 (王文栋、刘天楚、王思琦、雷宏才)		数位建造工坊 / 华侨大学 [索梅恩哈姆（Soomeenhah
建筑智能（"数字未来"系列活动）/ 同济大学 [马克·伯利、菲利普·布洛克、沙迦布汉、马德朴、埃里克·霍尔沃（Eric Holwer）、尼尔·里奇、帕特里克·舒马赫、迈克·谢（Mike Xie）、何宛余、吉国华、孟			
筑学院 - 中南置地数字建筑中心 @ 张家口			
数字未来世界：建筑师的联合（"数字未来"系列活动）/ 同济大学 @ZOOM 线上平台 [袁烽、尼尔·里奇、马德朴、比耶娜·波哥斯（Biayna Bogosian）、阎超]			
	软件与算法 / 中央美术学院 (王文栋、王思琦、雷宏才)		

7月	8月	9月

清华本科三年级建筑设计课程"非线性建筑设计"开设（至 2012 年）/ 清华大学
（徐卫国）

中国国际建筑艺术双
（徐卫国、尼尔·里奇）

中国国际建筑艺术双
（徐卫国、尼尔·里奇）

清华硕士研究生"数字建筑设计"课程开设 / 清华大学
[徐卫国、杰西·雷泽（Jesse Rieser）、梅本奈奈子（Nanako Umemoto）、隈研吾（Kengo Kuma）、小渊祐介（Yusuke Obuchi）]

活动）/ 同济大学
trik Schumacher）、罗兰德·史努克斯（Roland Snooks）、井敏飞、李翔宁、宋刚、孙澄宇、王振飞、徐卫国、徐丰、袁烽]

"场所算法"国际数字建构工作营 / 青岛理工大学
[石新羽、亚历山大·卡拉乔夫（Alexander Kalachev）、图多尔·科斯马图（Tudor Cosmatu）、奥尔加·科韦里科瓦（Olga Kovrikova）、吴迪风]

北京国际设计周"海『
[尼古拉斯·维伯尼兹（

活动）/ 同济大学
尔·里奇、帕特里克·舒马赫、井敏飞、李翔宁、马清运、马岩松、彭武、宋刚、孙澄宇、王振飞、徐卫国、徐丰、袁烽]

"算法物质性"国际数字建构工作营 / 青岛理工大学
（石新羽、亚历山大·卡拉乔夫、图多尔·科斯马图）

数字建筑国际学术研

互动上海（"数字未来"系列活动）/ 同济大学
[菲利普·比斯利（Philip Beesley）、马德朴（Matias del Campo）、尼尔·里奇、黄蔚欣、李翔宁、刘珩、马清运、钱峰、

武汉凯迪合成油主门卫 /XWG 工作室 @ 武汉

北京国际设计周"As

DADA"数字渗透"数字
（帕特里克·舒马赫）

上海"数字未来"暑期设计工作营 / 同济大学
[李振宇、沙朗·哈尔（Sharon Haar）、徐卫国、汤姆·维尔伯斯（Tom Verebes）、尼尔·里奇、莊姿君、张登文、马义和]

参数化非线性建筑设计研习班 / 清华大学
[徐卫国、尼尔·里奇、大卫·格伯、黄蔚欣、尼科拉·萨拉迪诺（Nicola Saladino）、刘宇光、张晓奕、王洵、王振飞、于雷、林秋达、徐丰、佟晓威、宋刚]

基于结构性能的机器人建造（"数字未来"系列活动）/ 同济大学
[马德朴、沙朗·哈尔、尼尔·里奇、阿希姆·门格斯（Achim Menges）、罗兰德·史努克斯、汤姆·维尔伯斯、李振宇、马义和、徐卫国、于雷、 袁烽、莊姿君、张登文]

北京国际设计周"大桥

参数化非线性建筑设计研习班 / 清华大学
（徐卫国、尼尔·里奇、丹·德阳、宋刚、黄蔚欣、林秋达、于雷、咸秀敏、罗丹）

北京国际设计周"Vul
（于雷、徐丰）

/ 同济大学
Braumann）、尼尔·里奇、阿希姆·门格斯、
李翔宁、邵韦平、吴志强、伍江、徐卫国、袁烽]

哈尔滨大剧院 /MAD 建筑事务所、北京市建筑设计研究院 @ 哈尔滨

DADA 数字建筑国际学术会议"数字工厂"/ 同济大学
（徐卫国、袁烽、黄蔚欣、尼尔·里奇、于雷、史蒂文·马、宋刚、孟浩、阿希姆·门格斯、高岩、王振飞、钟华颖）

参数化非线性建筑设计研习班 / 清华大学
[徐卫国、尼尔·里奇、丹·德阳、奥斯汀·韦德·史密斯（Austin Wade Smith）、黄蔚欣、于雷、林秋达、俞金晶、宋刚]

IAAC-LCD 国际工作营 @ 北京白塔寺
[徐丰、赵力群、阿里·加拉哈尼（Ali Gharakhani）]

北京国际设计周"震颤
（赵春燕、徐卫国、邱志

"系列活动）/ 同济大学
新、安东万·皮康（Antoine Picon）、罗兰德·史努克斯、迈克·谢、蔡永洁、李振宇、徐卫国、袁烽]

北京国际设计周"开源
（徐丰、赵力群）

北京 - 巴塞罗那"Twin
IAAC 设计工作室、LC
[贝伦·格 - 诺布尔哈斯

展·国际青年与学生建筑作品展"快进 >>; 热点 ; 智囊组 ; 建筑 / 非建筑" / 清华大学 @ 北京 UHN 国际村

展·"涌现"建筑展 / 清华大学 @ 北京中华世纪坛

数字建构 - 国际青年建筑师及学生作品展 / 清华大学 @ 北京 798 艺术区
（徐卫国、尼尔·里奇）

品展 /LCD 设计工作室 @ 北京草场地
olaus Wabnitz）、徐丰]

组建数字建筑设计专业委员会（简称 DADA）　　　　　　　大连国际会议中心 / 蓝天组事务所 @ 大连

参数化设计工作营 /
南京艺术学院、LCD 设计工作室
（徐炯、尼古拉斯·维伯尼兹、徐丰）

会 / 清华大学

、苏麒、于雷、袁烽]

umn Leaves（当秋天离开）"作品展 /LCD 设计工作室 @ 北京前门大栅栏

筑展 / 清华大学 @ 北京 751 D·PARK

DADA 核心会员深圳会商
（徐卫国、袁烽、周宇舫、高岩、徐丰、王振飞、宋刚、彭武、佟晓威、刘延川、胡骉、钟华颖）

"数字·文化·建造"（中国建筑学会建筑师分会年会论坛三）@ 深圳
（徐卫国、朱竞翔、马岩松、谢英俊、高岩、袁烽、宋刚、王振飞、徐丰、穆威、李翔宁）

城市更新"作品展 /LCD 设计工作室 @ 北京前门大栅栏

"（蘑菇云）大型三维打印装置展 /ASW 北京建解科技有限公司 @ 北京侨福芳草地

"机器人建构"国际会议与工作营 /DADA、山东土木建筑学会建筑教育专业委员会、青岛理工大学
（徐卫国、袁烽、李飚、图多尔·科斯马图、亚历山大·卡拉切夫、奥尔加·科夫里科娃）

—关于未来生存空间的讨论 @ 北京朗园兰境艺术中心
郝景芳、王辉、陈楸帆、刘利刚）

新"作品展 @ 北京白塔寺

ty"（双子城）展览 /
设计工作室、北京西班牙文化中心　　　　建筑·运算·应用国际会议 / 东南大学 @ 南京
elen G-Noblejas）、徐丰、赵力群]　　　[韩冬青、李飚、卢德格尔·豪威斯塔德（Ludger Hovestadt）、吉国华、克里斯托弗·瓦尔特曼
　　　　　　　　　　　　　　　　　　　（Christoph Wartmann）、徐卫国、渡边诚（Makoto Sei Watanabe）、李力、袁烽]

	1—3 月	4 月	5 月
2017 年		"程序、流动、故障"[CAADRIA（亚洲计算机辅助建筑设计研究会 [曼弗雷德·格洛曼（Manfred Grohmann）、袁烽、徐卫国、王振飞]	
		CAADRIA 会议展览 / 西交利物浦大学 @ 苏州 （徐卫国）	
	超写实建模写生 / 中央美术学院		复杂形态数字化折纸 / 中 （王文栋、蓝海杨、贺斌、
2018 年			"学习、原型与适应"（CA [徐卫国、于雷、张悦、李
			国际 3D 打印嘉年华暨 [[迈克尔·汉斯迈尔（Mich
			CAADRIA 会议展览 / 清 （徐卫国、张鹏宇）
	超写实建模写生 / 中央美术学院		CAADRIA2018 工作营 / [西格丽德·布瑞尔 - 考根 格维利姆·雅恩（Gwyllim
2019 年			复杂形态数字化折纸 / （王文栋、蓝海杨、贺斌、
			数字建造年会 / 中国建 （修龙、丁烈云、张建民、
		数字主义建筑——从虚拟到现实（学术讲座）/ 厦门市土木建筑 （徐卫国）	
	超写实建模写生 / 中央美术学院	"机器人建构"国际会议与工作营 / 青岛理工大学 [李振宇、王健、袁烽、克里斯托斯·帕萨斯（Christos Passas）、扬· 亚历山大·卡拉切夫、福田展淳（Hiroatsu Fukuda）、陈舟凡]	
	建筑数字设计与智能建造 /MIT、ETH、同济大学 @ 上海 （菲利普·布洛克、谢亿民、李翔宁、童明、袁烽、刘家琨、柳亦春）		
	3D 打印步行桥 / 清华大学建筑学院 - 中南置地数字建筑中心 @ 上海		武家庄接待亭 / 清华大
2020 年			
	超写实建模写生 / 中央美术学院		

▌建筑作品　▌学术论坛、学术交流活动　▌展览展示　▌重大学术会议、学术事件　▌工作营、研习班　▌大型讲座、课

	1—3 月	4 月	5 月	6 月
2003 年				
2004 年				
2006 年				
2008 年				
2010 年		广州大剧院 / 扎哈·哈迪德建筑事务所 @ 广州		
2011 年				数字未来论坛（"数字未来"系列 [尼尔·里奇、帕特里克·舒马赫（P
2012 年				
				XXL 巨构都市（"数字未来"系列 [大卫·格伯（David Gerber）、尼
2013 年				
2014 年				
2015 年				数字工厂（"数字未来"系列活π [约翰尼斯·布诺乌姆恩（Johann 罗兰德·史努克斯、丁沃沃、李振宇
	"身体空间"工作营 / 南京艺术学院、LCD 设计工作室 （徐炯、徐丰、于雷）			
2016 年				
	"身体空间"工作营 / 南京艺术学院、LCD 设计工作室 （徐炯、徐丰、林晨、王欣、王克震）			
				图解思维与数字建造（"数字末 [马德朴、尼尔·里奇、阿希姆·门

‖建筑作品 ‖学术论坛、学术交流活动 ‖展览展示 ‖重大学术会议、学术事件 ‖工作营、研习班 ‖大型讲座、课程

10 月	11 月	12 月
	厦门时尚科技艺术节"智能时尚"艺术展 @ 厦门 [徐丰、扎哈·哈迪德（Zaha Hadid）、尼尔·里奇、贝纳兹·法拉希（Behnaz Farahi）、 史蒂文·马（Steven Ma）]	
京大学 李飚、卡斯·奥斯特惠斯（Kas Oosterhuis）、 ）、袁烽、徐炯]	复杂形态模块化搭建 / 中央美术学院 （王文栋、袁方凌、曾文涛、武煜人）	
暨全国建筑院系建筑数字技术教学研讨会）/ 南京大学 渊祐介、袁烽、穆威、王振飞、林秋达、张晓奕、过俊、井敏飞、胡骉、黄蔚欣、于雷）		BIAD 曲墙搭建 / 北京市建筑设计研究院有限公司（BIAD） （王文栋、韩文乾、李迪进）
	清华大学建筑学院 - 中南置地数字建筑联合研究中心正式成立 @ 北京 （邓卫、徐卫国、陈昱含、张悦、茅勤、朱颖心、李继开）	
）/ 厦门市土木建筑学会	数字设计与建造——建筑尺度的实践（学术讲座）/ 厦门合道工程设计集团股份有限公司 （于雷）	
林秋达、黄蔚欣、于雷]		
厕所"作品展 @ 北京法源寺		国际高校雪构建造竞赛"云亭"/ 哈尔滨工业大学 @ 哈尔滨 （王文栋、雷宏才、陈墨玉、杨宵鹏）
	"身体空间"工作营 / 南京艺术学院、LCD 设计工作室 （徐炯、徐丰、赵力群、王克震）	
z-Granados）、迭戈·佩雷斯·埃斯皮蒂亚（Diego Perez Espitia）、刘洁、罗丹]		
业发展国际会议（绿色低碳技术与产业分会）/ 同济大学 高伟俊、菲尔·琼斯（Phil Jones）、尼尔·里奇、大卫·马洛特（David Malott）、牛建磊、鲍勃·希尔（Bob Sheil）、 ntkiewicz）、孙彤宇、吴志强、袁烽、钟志华]		
n）、洪毅]		国际高校雪构建造竞赛"云亭"/ 哈尔滨工业大学 @ 哈尔滨 （王文栋、雷宏才、陈墨玉、杨宵鹏）
建民、汤舸、袁烽]		

徐卫国

清华大学建筑学院教授，原建筑系主任，DADA联合发起人；美国麻省理工学院（MIT）访问学者，曾执教于美国南加州建筑学院及南加利福尼亚大学；曾在日本留学获京都大学博士学位，工作于日本村野藤吾建筑事务所。他是中国数字建筑设计的开拓者，自2003年以来一直从事数字设计及数字建造研究，通过教学、工程、策展、出版等多种渠道推动了数字建筑在中国的迅速发展，目前在该领域出版了17本著作，发表了140多篇论文。

张鹏宇

清华大学建筑学院工学博士。2017年9月至2018年3月赴瑞士苏黎世联邦理工学院访学。攻读博士期间，她发表过学术论文11篇；曾参与国家自然科学基金课题项目，包括巢群系列互动装置（参展北京国际设计周、DADA2017国际工作坊）、三维打印螺亭等，以及CAADRIA2017、CAADRIA2018国际会议的策展活动与会议组织。

DADA 简介

DADA（Digital Architecture Design Association）即数字建筑设计专业委员会，是中国建筑学会建筑师分会下设组织，受中国建筑学会和建筑师分会的领导，于2012年金秋在北京成立。

DADA由23位联合发起人发起，他们是邵韦平、徐卫国、袁烽、周宇舫、徐丰、刘延川、佟晓威、张晓奕、王振飞、黄蔚欣、于雷、刘宇光、宋刚、过俊、彭武、范哲、Sam Cho、Paul Mui、高岩、穆威、胡骉、林秋达、井敏飞。

DADA的宗旨是联合国内建筑行业中从事数字建筑的建筑师、学者及相关企事业单位和学术团体，开展国内及国际化数字建筑设计的广泛学术交流，促进数字建筑的研究和实践，推动数字建筑知识及技术的普及；同时积极引导建筑行业内从设计、生产到施工、管理等不同领域之间的沟通与衔接，为整个建筑行业整合升级、形成可持续发展的新型产业链做出应有贡献。

DADA的职责在于促进国内外最新的数字建筑的技术交流、学术交流，从事建筑教育、培训，鼓励技术创新，提供行业交流平台，协作制定行业标准及规范，最终推动建筑行业的升级，建造更适合的人居，给人提供更舒适的环境。

图书在版编目(CIP)数据

当代中国数字建筑设计 / 徐卫国，张鹏宇编著 . — 桂林：广西师范
大学出版社，2022.2
　ISBN 978-7-5598-4586-3

　Ⅰ. ①当… Ⅱ. ①徐… ②张… Ⅲ. ①数字技术–应用–建筑设计–
研究–中国 Ⅳ. ① TU201.4

　中国版本图书馆 CIP 数据核字 (2022) 第 013047 号

当代中国数字建筑设计
DANGDAI ZHONGGUO SHUZI JIANZHU SHEJI

责任编辑：冯晓旭
装帧设计：六　元
广西师范大学出版社出版发行
（广西桂林市五里店路 9 号　　　邮政编码：541004）
（网址：http://www.bbtpress.com）
出版人：黄轩庄
全国新华书店经销
销售热线：021-65200318　021-31260822-898
恒美印务（广州）有限公司印刷
（广州市南沙区环市大道南路 334 号　邮政编码：511458）
开本：580mm × 965mm　　　　1/8
印张：35　　　　　　　　　字数：250 千字
2022 年 2 月第 1 版　　　2022 年 2 月第 1 次印刷
定价：258.00 元